流程架構
整合串流與事件驅動的未來

Flow Architectures
The Future of Streaming and Event-Driven Integration

James Urquhart 著

陳慕溪 譯

給我的孩子 *Owen* 和 *Emery*：
您們天天都激勵我，我非常以您們為傲。

給我的妻子 *Mia*：妳是我的摯愛。

目錄

序

隨著人類與技術間複雜關係的維持，對安全的高度連接性顯得格外需要。不斷突破限制的技術提供更多便利性、個人化或節省時間和財力；人們也期許藉由技術的推進能更快速、更低成本地成就更多事情。那麼，技術要如何跟進以滿足人類的需求呢？

我們今天使用的所有技術皆屬於分散式系統，包括許多需要協作和通訊的組件。每一資訊系統、每項現代的技術都是一個分散式系統，簡單來說這些系統的通訊方式為：陳述聲明或提出問題。每次通訊都試圖要讓人知道您做了什麼或是正在等待某問題的答案，用現代的術語來說是串流和服務。所有現代的分散式系統都具有服務導向架構組件，且事件串流處理也越來越流行。

因此，當我們繼續推動技術發展的同時要如何應對呢？為了使系統能夠做更多事情，它們需要更多的服務和事件，將這些事件和串流形成進入系統的資訊流，以分析模式、趨勢和傷亡情況。無論是作為人類還是數位系統，這些新擴展的服務帶進了與技術交互的新方法。為了使系統加速運行，勢必有一些研究領域可以加速核心的後端系統；然而應用在現實世界中，大多數的「加速」反倒造成了延遲。您跟技術的距離有多遠，技術可以跟您更接近嗎，這就是我所謂的**邊緣運算**。也許還有其他更好的定義，但對我而言，邊緣運算就是技術不斷發展能以更快速並完成更多事情的方式；能夠更接近提問者並處理更多事件與資料，且不需要使用無中央雲端的資源。

我以「銀行業務」來解釋讓您更了解其意義。不久以前您必須親自開車去銀行辦理如存入支票或提領現金的業務。我們後來經歷過一段過渡期，那時隨處可見的 ATM 可以操作部分的業務；但現在我們可能只需要持有智慧型手機或平板，甚至筆記型電腦，就能與人們

想得到的銀行服務互動；未來在餐廳裡等待 5 到 10 分鐘讓服務生帶著支票讓我們簽名也許是可行的。請假設一種可能遇到的情況：當您正使用手機從 Amazon 結帳，但已經等待了十分鐘仍未完成；由此可見速度、存取的重要，尤其是存取的安全性。

隨著系統增加存取資訊的需要性（以便能夠在處理相關資訊時，向所需的系統服務更靠近），我們需要一種創新的連接方式；不僅需要連接許多東西，還需要請求者、回應者、處理器和分析，來實現位置透明化、可移動及其安全性。新技術將會出現，為人們及所有的數位系統、服務和設備帶來更安全且高度連接的世界。

綜合以上的因素，指數有了大規模的創新，因而創造成熟的環境。想一想我們對互聯網、全球行動網路所做的事情，以及大約 50 億人口能夠彼此互聯。現在想像當世界上的數位系統、服務和設備都是高度連接、位置獨立、受保護且還能隨時進行安全的互動，當安全存取各種技術、資訊和服務已民主化時，試驗階段就會進入高度驅動階段。若再與人工智慧及機器學習結合來分析所有的事件與資料流程時，將有無限的可能。

一旦安全且高度連接的未來達成了，那麼下一步是什麼呢？系統要如何理解額外的資訊並進行互動呢？James 在本書中介紹了流程的基本觀念，及我們需要什麼樣的系統以利用新功能。您將會了解流程如何影響及塑造現代分散式系統，最後會了解到我們對此系統及其提供的技術之期望。我們需要的是一種能在現代系統中進行連接、受保護和通訊的新方法，而本書是開始了解新系統未來將如何改變世界的好地方。

——*Derek Collison*，*NATS.io* 創始人

前言

這是一本關於軟體整合及促進未來經濟影響的書，旨在使技術人員和決策者踏上一段，藉由與機構合作對未來願景產生變革的旅程；因此，這也是一本創造機會的書。

表面上看來這似乎是一本關於技術的書，我查詢了當今、將來可得的及促進組織間通訊活動方式的技術，但更重要的是本書想要傳達的概念：新技術對機構合作與協作發展的影響。

系統狀態的流暢、即時通訊就很像是河裡的水流或高速公路系統的交通流，是一種活動。流程遵循的路徑，由活動類型及想要使用這些活動的實體方其需求和期望來定義。越簡易的資料越容易找到正確的實體路徑，系統也越容易適應和發現符合期望的行為。

整合是數位經濟發展的關鍵，因為資料是推動經濟活動的因素。如今跨組織邊界的整合既昂貴又緩慢，為了良好運作市場及組織，依靠人工來處理大量的新資訊和歷史資料。於是問題來了，如果我們可以改變以較便宜且幾乎是瞬間的即時資料交換呢？

透過本書所討論的技術發展，能迅速降低互聯網連接因果關係之成本，但這反過來急遽增加組織執行的整合數量和加速經濟實驗。這如同寒武紀大爆發的條件——為改變世界運作方式的戲劇性解決方案提供了肥沃的土壤。我將說明為何無法避免此爆炸。如同 HTTP 創立了「全球資訊網」（World Wide Web）連結世界各地的資訊，我所謂的「流程」則是建立「全球資訊流」（World Wide Flow）來連結世界各地的活動。

本書在很多方面都具有挑戰，其中大部分是推測的，可能還需要十年的時間，全球資訊流的技術才可能被視為「主流」。強勁的競爭者都可能需要三到五年的時間來爭奪必要的編程介面與資料協定來實驗；那為什麼要現在寫這本書呢？

答案在於從數十年前的分散式系統發展中所吸取的教訓。作為一個全球性技術社群，我們常忽略擺在前頭的可能性，只專注於如何逐步改善已知的世界，而非防患於未然；畢竟沒人能預知未來。

但我們確實擁有可以深入了解潛在趨勢的工具。藉著智能分析技術領域和使用者需求來找出可能發生演進或變革的地方。我將使用 Wardley Mapping 與承諾理論來說明流程需要哪些組成，以及為何它們會從今天的形式發展到無所不在的事件驅動整合形式。

雲端運算可能殺得許多組織措手不及，也可能為其競爭對手帶來優勢或者錯過了達成使命的機會。本書的目標不僅是幫助了解流程的含義，更是勢在必行。

我將以不同於以往的方式開頭：十年後的假設性技術期刊文章，其中將會提供關於流程的背景資訊及其如何在未來十年內推動變革。

第一章將介紹流程的基本定義到其關鍵所在；第二章將說明企業、政府、非營利組織和許多其他機構何以採用流程；在第三章將使用 Wardley Mapping 和承諾理論來說明為何流程被認定為即將發生及其關鍵組成為何。

第四章將探討目前可用的「訊息傳遞和事件驅動的架構」將指導或構成未來流程系統的基礎，在前述的基礎上，與第三章中定義的 Wardley Map，會在第五章將討論到哪些方面需要關鍵性創新來支持真正的流程系統；最後第六章將總結目前可以做的事情來迎接並實現這未來的潮流。

本書編排慣例

本書使用下列的編排方式：

斜體字（*Italic*）

　　表示新術語、URL、電子郵件地址、檔案名稱和副檔名。中文用楷體表示。

定寬字（`Constant width`）

　　用於程式清單以及在段落中引用程式元素，例如變數或函式名稱、資料庫、資料類型、環境變數、語句和關鍵字。

 這個圖案代表注解或建議。

致謝

我要感謝許多人提供了您將讀到的見解和分析。首先我要感謝兩位偉大的思想家，在過去將近 15 年的時間裡，能認識他們並與其交流是我莫大的榮幸。Wardley Mapping 的創建者 Simon Wardley 建立了令人嘖嘖稱奇的工具，用於感知企業或技術決策中的形勢[1]；承諾理論的創建者 Mark Burgess 研究出以代數來完美補足 Wardley Mapping，而它本身也是強大的分析工具。我由衷感謝他們在木書中所做的貢獻，甚至在決策分析上教育我。

本書由遠見卓識的技術人員和企業家共同審閱：Derek Collison 創建了 NATS.io，同時也是 Synadia 的創始人，該公司致力於改變事件驅動整合的管理方式。Simon Crosby 建立 Xen 虛擬機管理器，與發現 swim.ai 網站提供潛在改變遊戲規則的狀態事件處理平台。Paul Butterworth 創立 Forte Software 公司，是分散式系統的開發者，現在是事件驅動開發平台 Vantiq 的合夥創始人。Adrian Cockcroft 在 Netflix 擔任首席雲端架構師、於 Amazon 雲端運算服務（AWS）擔任決策副總裁，樹立良好聲譽。非常感謝在過去的一年中，他們為了這本書努力不懈並提供許多建議。

在此，特別提及 Microsoft 首席訊息傳遞架構師 Clemens Vasters，他向我逐步介紹如何選擇事件處理體系結構，並提供了描述事件過程中所需的語言。

這些年來，決策新聞服務處首席執行長（CEO）Mark Anderson 分享他對流程與互動間關係的見解，我們之間的對話深深影響了我對流程的看法。

我還要感謝其他為本書於各方面做出貢獻的技術專家：Jesse Bean、Mark Heckler、Stacey Higgenbotham、Sutha Kamal、Mark Kropf、Richard Seroter、Jason Shephard、Sina Sojoodi、Henri van den Bulk 與 James Watters。

感謝 Pivotal / VMware 的現任及前任同事，尤其是 Field CxO 團隊的支持和鼓勵。您們真是太了不起了，在我需要時總是可以很快速地專注於這項工作，我從您們每個人身上學習到關於技術和管理的重要課程。

我再次向偉大的 Tom Lounibos 導師表達至深的謝意，感謝您的鼓勵、建議和偶爾打我屁股。

1　實際上 Simon 和 Wardley Mapping 的其他從業者，已從「政治與文化」到「投資與振興」的領域中使用了此技術。

如果沒有 O'Reilly 編輯 Amelia Blevins 的幫助，這本書是不可能完成的，Amelia 的耐心令我感到不可思議，您的建議始終在我需要時起到作用，謝謝您！也要感謝 Ryan Shaw 和 Mike Loukides 鼓勵我寫作；特別感謝 Tim O'Reilly 提供的精美茶水和司康餅，並在對的時間提出正確的問題。

最後、也是最重要的人是我的妻子 Mia 與孩子 Owen、Emery。在我路途上的每一步您們總是在身邊鼓勵我、需要時敦促我。日子一天天過去，對於生命賜予的愛和歡笑我總是滿懷感謝。我深深地愛著您們，Mia 是我此生摯愛。

全球資訊流的十年影響

 本文假設虛擬流程標準、事件元資料協定及事件訂閱介面（統稱為網路事件流程套件）已於 2024 年推出並被許多科技公司採用。事件流程協定透過此建立的平台成為發送和接收資料串流（包括事件）的標準工具。

本文避開談論網路事件流程套件工作的細節，指出基於 CNCF 雲端事件協定建立而成的事件元資料協定，是一個事件資料協定。事件訂閱介面能讓消費者訂閱串流（大致基於當今的 MQTT（*https://oreil.ly/bM6hj*）和 NATS.io（*https://nats.io*）訂閱應用程序介面 [APIs]）。本文同時也避免討論對描述結果不重要的細節。

舊金山（2034），十年前的本月，Cloud Native Computing Foundation（CNCF）和全球資訊網聯盟（World Wide Web Consortium，W3C）引進了網路事件流程套件（Internet Event Flow Suite，IEFS）標準。從那之後的十年內，世界經濟發生了重大改變：從功能強大的新在線服務到企業自動化方式的重大變革，無論好壞，全球資訊流（World Wide Flow，WWF）對世界運轉產生了巨大的影響。我們對於 WWF 所促成的一些令人難以置信的技術和服務感興趣，也對於事件驅動的整合及共享資料流的驚人增長表達敬意。

金融業中的 WWF

財務金融系統是基於參與「各種創造價值活動的各方之間」的資料（金錢）交換。因此金融服務公司無庸置疑是最早使用 IEFS 的企業之一，包含事件元資料協定（EMP）和事件訂閱介面（ESI）。信用卡公司能迅速利用 IEFS 提供客戶即時預算管理、父母控管和其他對時間敏感的服務。

然而，美國政府「即時經濟」（RTE）計畫的開端，是將即時信用卡和轉帳卡交易資料，與新的中央銀行報告作整合服務。RTE 計畫週間每日報告關鍵性經濟資料，包括通貨膨脹、GDP 及購買趨勢，並提供 IEFS 介面使訂閱者能夠在發布後立即收到資料，例如銀行利用 IEFS 介面來快速調整投資組合中貸款和投資的風險分析。有趣的是，美聯儲報告說，預計最快於明年提升報告速度至每小時（欠款則為四個小時）一次，而銀行也熱切期待這項改變。

股票市場也希望能使用即時流程標準。儘管股市和商品市場早已使用資料流程來啟用高頻交易和其他自動交易程序，但事件資料流程標準的引進能大幅度降低存取及處理串流的成本。以軟體 API 進行交易的成本可迅速下降，又有流程的加持，可吸引眾多愛好者交易，甚至產生一批以人工智能演算法或其他計算方法，試圖超越市場思維為主的新興金融服務公司。

多數的演算法未能在市場持有任何優勢，有一些甚至是完全災難型的。例如，總部位於威斯康辛州密爾沃基的兩人創業公司 Komputrade，於 2028 年 3 月 8 日因 Komputrade 大崩潰受到指責。在此事件中，由於該公司演算法的異常導致美國股市暫停了一個半小時。

大多數的業餘演算法都沒有超過市場的平均水平；但有一些演算法使該發明家變得非常富有。Neuroquity 的創始人 Imani Abioye，其商品交易公司於 2028 年被 JPMorgan Chase 以 340 億美元收購，因而成為非洲最富有的女性。

零售業中的 WWF

零售業透過降低成本與增加企業即時狀態的可見度從 WWF 中受益。最初 IEFS 和 EMP 是用於標準化跨零售供應鏈的即時庫存資料交換，但在短短的幾年內，每間零售商都可以依自己選擇的庫存處理系統，從任何供應商接收庫存的事件流程。

這類系統很快就被整合到標準產品當中，包括來自 SAP、Amazon 和 Microsoft 的產品。新興的零售庫存公司也希望滿足產業中的小眾需求，如設備租賃和數位媒體授權，華爾街的寵兒——RentAll 已幾乎成為所有租賃非房地產類物品的首選目標。流程使 RentAll 創造成功的商業模式，在此模式下他們以租用資產代替持有。

然而，WWF 對零售業的影響並不僅限於庫存管理，因內建的追蹤位置功能及行動語音助理（例如 Apple Siri、Amazon Alexa 和 Google Assistant）的興起，造就了如今遍布實體購物世界中的個人購物助手（PSA）。購物者只需簡單使用手機詢問哪裡可以得到他們尋

找中的商品,手機就會回應適合的商店並引導到確切位置;但假如該商店已缺貨,手機則會立即提供其他建議選項。這是目前大多數人都曾有的體驗。

隨著線上店家新增了許多功能,包括根據智能設備和產品包裝中的事件,能產生詳細的購物清單;也能根據當下交通路況為送貨司機規劃最佳路線;還能得到產品使用的品質回饋意見。此外,線上店家還會依據您購買的商品另設可能的新訂單,如電子產品類的電池、雞尾酒的攪拌棒等,在送貨司機將貨物送達時您可以一併購買。

透過與客戶的行動設備和智能家居進行即時事件交換,WWF 提供的歷史相似事件流的儲存能實現所有功能。

大眾運輸中的 WWF

當然,除了 WWF 以外的各種創新進步,使大眾運輸業在過去的十年中歷經了一場大規模的革命。此乃歸功於一些企業家能夠以廉價且輕易的解決方案與整個運輸技術生態系統結合而成,WWF 的標準機制才得以使某些關鍵性的基礎架構組件發展得比過往更快。

汽車製造商特斯拉早期曾利用 IEFS,為車內或雲端的電池管理系統介面帶來創新。不久以前,特斯拉車主必須將汽車連接在家中或充電站的充電口才能為汽車電池充電,但新推出的特斯拉技術(Tesla SelfCharging)將自動駕駛模式、車載電池監控軟體、充電站的充電器連接機器人以及雲端服務相結合,提供附近可用的充電器詳細資訊;如此即便車主不在場,也能在車主方便的時候找到並驅使汽車連接到充電器。

雖然該系統曾因小故障釀出小事故,但此技術如今已廣受信賴,各大汽車製造商皆採用特斯拉或與之類似的系統於他們的產品中。利用 IEFS 與充電站通訊的新車大量湧入,導致過去五年內充電站和供應商都大量增長。

物流業也充分利用 WWF 優勢建立了託運人、客戶和貨運經紀人市場的網路,以確保將運輸的貨物與可用的卡車、火車、輪船和貨運飛機之空間進行有效匹配。最近被 FedEx 收購的 LoadLeader,藉由快速將貨物與卡車匹配且預留空間,建立全新的部分裝載運輸選項,產生高效的結果,使搬家公司開始接受商業運輸負載,商業託運人從而發現城市間新的商業運輸存儲模式。

該系統的效率已將負載調度轉變為公用服務,導致託運者(例如 FedEx 和 UPS)推出新服務,包括諸如「ASAP」運輸、需專門特別處理(例如冷藏)的低成本服務,以及安全敏感的有效負載服務。

醫療保健的 WWF

一開始消費者可透過個人健身追蹤來看 WWF 在醫療保健方面的應用。早期 IEFS 的採用主要集中在將健身設備（如 Fitbit）連接到設備供應商提供的保健追蹤系統上；但是到了 2025 年，Kaiser Permanente（與電子健康紀錄供應商 Epic 合作）利用 IEFS 串流，使客戶和醫生都能監視並將患者當前的健康狀況視覺化呈現，而其餘大多數的醫療保健系統也很快地追隨腳步。

醫療保健系統的改變重新省思了醫院對患者病歷管理。二十世紀中期，醫療保健產業開始轉向獨立的個人紀錄保存模式。今天病患對於手上資料的可控性比以往來得高；而 IEFS 透過將即時資料串流從醫院系統轉移到現代的獨立個人健康紀錄供應商（PHRP）的成本降到最低，使人負擔得起。大多數 PHRP 允許添加新的資料流（例如本地污染感測器資料或食物品質資訊），以進一步交換可能影響您日常健康之因素的詳細分析。

在醫院和醫師體系也發現了 WWF 的其他創新用途。如急診室迅速善用急救人員和 911 呼叫中心提供的資料串流，自動進行部分分類、資源計畫和空間管理。如今，大多數的醫院和私人執業醫療用品都是透過「智能櫃」技術按需求自動訂購，甚至在某些醫院還由機器人來備貨。CVS 和 Walgreens 已與多個醫師前台系統簽訂合約，根據處方和醫療訂單的即時監控來確定當地的藥房需求。

製藥公司正使用醫療保健串流來監視藥物的功效，並快速偵查出可能對該藥物產生不良反應的個別患者。自 2022 年以來，對處方藥預警系統的投資已減少約 72％的意外死亡人數。

製藥行業還大量利用 IEFS 和 WWF 來尋找在各種診斷情況下可應用其藥物的機會。雖然有些醫生說他們日常不斷的推銷會分散注意力（甚至是危險的），但大多的診斷系統已減少治療建議中的「噪音」，並將藥物建議納入總體治療計畫的模板，包括基於個人健康紀錄和最新藥物功效進行個人化的功效評估。一經診斷後，這將大大簡化醫生在立定治療計畫時面臨的挑戰。

資料服務的 WWF

儘管有不少行業從 WWF 中受益，但多數人所認知的只是消費者、企業和機構可利用的串流中之一小部分。您想追蹤您家青少年觀看的影片嗎？串流可以做到；您想要在選舉期間即時關注投票情緒嗎？串流可以做到；是否想要了解將再生鋼重新鍛鍊成新產品的速度？串流可以做到。

事實上，共享即時資料的成本已變得相當低，但有一個不斷增長的事件串流被認為對國家基礎架構具有極大的重要性。國家氣象局免費的 WeatherFlow 就是一個很好的例子，它被稱為「最新氣象服務」。WeatherFlow 協調來自全球超過一百萬個氣象觀測站及位於其他地區的感測器（包含全球所有海洋上的自主帆船）之資料，來更新全球政府、企業和個人在地球上各地的情況。該機構為實現此目標，其基礎架構把這些資料來源與專用 IEFS 網路上運行的區域分析中心結合。WeatherFlow 團隊聲稱，如果有需要，他們每天可以利用此架構體系添加許多分析中心。

WeatherFlow 的最大消費者是運輸和物流公司，他們也是因惡劣的氣候條件而使業務受到最大影響的公司。大多數的主要國際航空交通管制系統都是使用 WeatherFlow 或是利用國際競爭對手來確保安全且有效的航線。消費型企業也發現了這類資料的價值如 LiveTime Games 成功獲得 Global Sleuth 虛擬實現遊戲，在玩家解開謎團時所訪問的每個城市中，重新建立準確的當前氣候條件。

目前全球幾乎有 2000 間公司和政府都在 WWF 上提供至少一項資料服務，他們除了使用這些服務來提高現有企業和計畫的效率之外，也在創造創新的解決方案打入新市場。

有一好，沒兩好

從 WWF 之於社會和經濟正面影響的評估，可看出對於公共安全與社會和諧既有良好的結果也帶來嚴峻的挑戰。雖不可否認即時活動的民主化，但與所有新技術一樣，它同時也會產生意想不到的負面影響。

在 IEFS 推出的早期，數十家新創公司被啟動，利用 WWF 破壞現有、相對低效率的企業。正如我們所見，其中有些企業改變得更好，但通常是在犧牲較大競爭對手的就業機會下發生的。

WWF 對文書工作的影響最大。其為員工提供任務佇列表，表中的項目為執行規定性的活動，將完成的工作提交至流程中的下一個佇列。機器學習與其他形式的人工智慧結合，與活動串流的現成可用性，使商業活動自動化的方式有翻天覆地的改變。

這些失去的工作機會是導致 2026 年底經濟衰退的部分原因（雖然不是全部的原因）。在經濟衰退後，美國聯邦政府成為許多國家政府中，積極尋求能激勵公民培養企業必要技能或促進零工經濟技能的一員。成功參半的計畫造就了新氣象，那就是新「流動企業家」階層的崛起；但是最近的政府資料顯示，在縮小貧富差距上仍無濟於事。

另一個 WWF 持續關注的議題是安全問題，儘管預設快速開發的協定與服務來加密 WWF 流量（包含由 AT&T 及 Verizon 等網路供應商提供的 WWF 撥號音），駭客依然能迅速在 IEFS 應用程式中找到許多可攻擊的獨特地方。

早期在 IEFS 實施時，很常見到「中間人」攻擊，他們延遲或破壞許多早期發行的金融系統應用程式。駭客能夠將流程重新導向到他們的系統，並在轉發資料到原本的目的地之前攔截甚至是竄改資料。通常有兩種方法可以緩解「中間人」的攻擊：資料來源革命性技術的科技巨頭公司 ProviCorp（即近期宣布的開源項目 Inception）以及在 IEFS 中導入更強大的身分驗證協定。

今天假設對於 IEFS 串流連接涉及的雙方跟透過它來傳遞資料是可信任的，並不代表此技術是無懈可擊。這可由最近的「中間民族」醜聞證實：中國，俄羅斯和美國相互指控對方在公共和私人安全串流中所進行的間諜行動。

使用 WWF 傳播社交媒體和社區內容事件也有好壞參半的歷史。六年前 Twitter 採用 IEFS 作為標準串流介面是社交媒體內容民主化的開創性時刻，但卻是等到 IEFS 廣告技術更完善後，對公司才有意義。如今仍難以找到不需觀看廣告或付費訂閱即可避免廣告的社交媒體資源。

色情行業起初使用 IEFS 作為通知訂閱者新內容的機制；然而在 2024 年，聯邦調查局揭發非法色情串流將兒童的圖像和其他高干擾性的活動散播偏布全球者。在聯邦調查局關閉該網路的同時，人們普遍認為這類的新資料串流是在 WWF 期建立的；這個為企業和政府確保串流的技術，使非法串流變得難以偵測。因此執法部門現在擁有專門的技術團隊來挖掘此類犯罪分子並將他們起訴。

最終，如果不承認 WWF 對政府政策的影響就無法完整回顧。如同前面提到的，「中間民族」醜聞暴露了各國政府可能會監控他們認為對國家安全有價值的資金流動的程度；然而大多數的國家透過 WWF 加強互聯網的執行，包括在網站上、WWF 資料源監測活動，甚至網路本身透過安全資料串流和資料分析技術。

WWF 也允許政客重新考慮政府的核心機構，例如美國當前的議題是：我們是否應該用營業稅代替所得稅。因為現在透過 WWF 更容易追蹤每筆數位買賣。儘管零售商對此存有爭議，美國國稅局（IRS）已要求國會批准與許多大型零售商合作經營聯邦銷售稅原型。無論這個想法在政治上是否可行，沒有人在爭論其技術的可行性，這展現出 WWF 的力量與廣度。

WWF 的未來

在過去十年中雖然發生了許多事情，但是不難看出我們只是處於 WWF 發展的早期階段，而工業快速整合產生的新機會，將以戲劇性的方式改變世界。

無人駕駛汽車、智能建設、綜合城市以及眾多流行的技術，正迫使網路供應商仔細研究其基礎架構，思考如何能更有力支持海量的資料串流，而大多數主要的供應商都承諾會跟上需求，儘管有些仍在談論分層流量定價和私人的專用串流網路。在未來十年內，各國將必須決定出 WWF 要如何適應已實施的網路中立政策。

創新能推動 WWF 未來。新的設備和技術、基於即時資料串流結合的新服務，甚至是基於空間資料源的使用日益增多，都顯示出影響互聯網管理機構，例如 CNCF、網際網路工程任務組（Internet Engineering Task Force, IETF）及全球資訊網聯盟（W3C）發展的 WWF 核心技術，因此未來十年，希望至少能與過去的十年一樣具有革命性。

第一章

流程介紹

在撰寫本文時,全世界正處於 COVID-19 的危機之中,所有人的生活與工作都遭受破壞與威脅,要遏止它也面臨嚴峻的挑戰。儘管可採取許多個人行動,如戴口罩和勤洗手,但大量證據顯示真正的終結需要社區、國家和整個人類之間的即時合作。

我希望當讀到這篇文章時危機已過去,希望您可以回到與朋友、家人甚至陌生人的聚會中,享受為自己創造的未來。但是,馬來西亞和韓國在遏止病毒上相對成功,這表示其他苦苦掙扎於遏止疫情的國家可縮短(或至少減輕)危機,因為有更好的工具和計畫可追蹤接觸者與分配資源。

尤其「追蹤接觸者」與「資源分配」是需要全世界共同協調即時資料的活動。COVID-19沒有政治或地理界限,其傳播取決於人民的移動,為了控制疫情並支持醫學界的回應,我們必須掌握人們在何處、移動方式及如何相互接觸,盡可能對這些情況都瞭若指掌。

因沒有統一的機制,所以無法快速建立即時共享資料的工具。每個參與生成或處理必要資料的軟體系統都有其獨特方式將資料供其他系統使用,包括系統如何請求或接收資料與如何封包資料。

例如,手機應用程式可以透過藍牙連接來擷取通聯資訊。但是,要將其發送到代理COVID-19 檢測站,則需要這些機構、行動網路公司和手機製造商就資料共享的方式和條款進行協商。即便每個人都有解決問題的動力,但也可能需要花上數週甚至數月的時間。

雖說資源協調應該容易許多，但是每間製造商、分銷商和醫院系統都是各自獨立且也不容易共享資料。在疫情初期，尋找物資主要靠人為方式。首先搜索分銷商和製造商的網站，然後在搜索未果時暫時求助於個人聯繫和專業網路。但因資源的激烈爭奪，發生個人防護用品銷售相關的詐欺案件[1]。

本書不是講述 COVID-19 或反映此議題，只是書中涉及的技術因這項事件正朝著更好的方向發展技術生態系統來解決無數的問題。本書實為關於介面和協定的發展，使即時事件串流的整合標準化且通用，是一本關於流程的書。

隨著越來越多的企業和組織皆走向「數位化」，彼此之間的經濟互動也越來越數位化；如金融交易完全無需人工干預即可執行、透過計算機預測生產需求來確定庫存的大小及時間。食品供應的安全日益依賴於生產商、託運公司、批發和零售業者，他們維護著難以欺騙的數字「證據鏈」。

為了從根本上改變橫跨組織間交換即時資料的方式，無論是在企業、政府、教育、非營利機構乃至個人生活上都奠定了基礎。早期嘗試事件驅動的架構、流程管控及標準化事件元資料的進展正慢慢收斂，為建立明確定義的機制。

從工廠的零售和機器自動化系統中的即時庫存管理，已可看出客製化案例的整合價值；但是，由於不同的介面、每個協定都有其特定用途所定義，在整個經濟範圍執行事件驅動的整合時，存在著不確定性及費用。

您在本章開始之前讀到的那篇假設性文章就是一個例子，說明如果您去掉大部分的支出，那世界將會是何種樣貌？如果降低使用關鍵資源的費用時，就為實驗和創新打開了大門；否則，產生的成本是無法負擔的。本文中描述的創新證明經濟運作關鍵部分的進步，並希望描繪出流程如何為不同機構之間的商業往來與即時合作帶來爆炸性的商機。

如果流程在 COVID-19 蔓延之前就已經發展純熟，那可能會見到不同的反應。一旦可掌握聯繫人追蹤資料就能輕鬆地分享給其餘有權使用的人，如此一來不同廠牌的智慧型手機和不同來源的即時資料可以輕易結合以全面了解個人的接觸風險。每個醫療設備供應商的最新庫存資料都可以迅速結合到一個國家甚至全球供應的單一視圖中。隨著新供應的口罩和其他關鍵設備開始生產產品，他們將資料新增到庫存中，不需要特地為其間的連接管理開發程式碼、資料打包和流程控制。

1　聯邦貿易委員會（Federal Trade Commission）於 2020 年 8 月對這類的三間公司提起訴訟（*https://oreil.ly/ EVmlP*）。

讓我們試想一下未來在這種情況下，共享即時資料隨處可見且概述流程的產生，以及可能對經濟運轉方式帶來的重大影響。我們將從定義流程開始，描述流程的關鍵屬性，然後逐步了解為何流程透過軟體整合後對組織產生重大的變化；也會舉出一些關於如何使用流程的事例，並總結支援這些事例所需的適當機制；最後也會概述本書其餘部分涉及的關鍵主題。

什麼是流程？

流程是事件驅動、鬆耦合、高適應性與擴展性的網路軟體整合，主要由標準介面和協定所定義，以最少的衝突和最低勞力來實現整合。據我所知，目前尚未有共識的標準；但我們將看到不可避免的現象：流程推動整合業務和其他機構的方式會發生翻轉性變化。

就流程的機制而言，此定義仍有諸多地方需要改進，因此讓我們定義一些將流程與其他整合項目分開的關鍵屬性。在**資訊理論**（*https://oreil.ly/HeiX8*）中，研究了資訊的量化、存儲和通訊，一組資訊的發送者稱為**生產者**，而接收者稱為**消費者**（有些術語使用**來源者**和**接收者**，但我更喜歡**生產者**和**消費者**）。請記住一點，**流程**是指資訊在不同軟體應用程式序和服務之間的移動，其特徵在於：

- 消費者（或其代理商）透過自助服務介面向生產者請求串流
- 生產者（或其代理商）選擇接受或拒絕哪些請求
- 建立連接後，消費者無需主動請求資訊，而是有可用的資訊時會自動發送給他們
- 生產者（或其代理商）保持對相關資訊傳輸的控制，亦即何時傳輸、傳給誰哪些資訊
- 透過標準網路協定發送和接收資訊，包含專與流程機制匹配的待確定協定

流程使資訊使用者能夠定位並從獨立運作的資訊生產者端請求資料，生產者（或代表生產者管理流程的代理人，例如管理流程的無伺服器之雲端服務或網路服務）不需提前知道消費者的存在及時間。除此之外，流程還允許生產者（或他們代理人）保持對資訊共享格式、協議和策略的控制。

 許多參與事件驅動系統的技術人員認為生產者和消費者應該從管理連接機制、事件路由器以及涉及各方間傳輸資料的系統中去耦合。我們在流程中定義的「代理人」指的是代表生產者或消費者的外部服務可能採取各樣行動如策略管理、網路優化或生成遙測。由於不確定流程採用哪種形式，因此我將利用**生產者**來表示生產者及其代理人，而**消費者**指消費者和其代理人。

流程僅在有服務及應用程式為串流準備資料、接收時消耗串流，或以其他方式操縱串流時才凸顯其價值。於流程連接任一端處理資料的行為，我們稱之為**流程交互作用**。Strategic News Service 的 CEO，Mark Anderson 於 2016 年首次向我介紹了一般性資料串流與交互作用之間關係的重要性；正如他當時告訴我的：沒有交互，流程就僅僅是資料的移動；但與流程產生交互作用才能創造價值。

流程和流程交互作用取決於消費者被動接收資料並僅回應相關信號的能力。在技術領域，我們關心的信號通常代表某種狀態變化，像是系統中某處或某形式之資料的創建或更新，如感測器可能在製造過程中偵測到關鍵溫度升高會發出信號、或是當股價改變時股市也會發出信號；這些是眾所周知的細粒度信號。有些狀態變化較大、頻率較低的信號也很有趣，例如卡車有表明可用的載貨量信號，或甚至企業發出信號表示預計進行首次公開募股。

在繼續之前，我先定義一些使用過的術語以確保不會引起混淆。當把狀態更改的資訊與其他上下文（例如更改發生的時間或與更改內容關聯的 ID）打包一起時，我們稱為**事件**。生產者擷取並打包資訊隨後將其發布為事件供消費者最終使用，而兩方（例如生產者和消費者）之間一系列事件的傳輸稱之為**事件串流**。

必須注意的重點是，可以透過兩種不同的方法在網路上傳輸資料串流，如圖 1-1 所示。

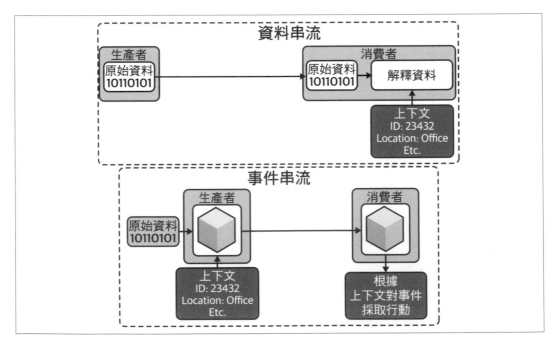

圖 1-1　事件串流與原始資料串流

第一種方法是直接發送在網路上的每筆資料而不需添加任何上下文，此原始資料串流要求使用者於接收資料時添加上下文。這可以根據了解串流來源（如來自特定感測器）、在資料串流中尋找線索（如包含來源位置的資料顯示，如相機的圖片），或者從使用者擷取時間戳記判斷何時發生狀態變更來完成。

第二種方法是讓生產者確保存在狀態變更的資料與上下文資料打包一起，我認為這是將資料串流轉換成事件串流的原因。傳輸的資料內含的上下文讓使用者可以更好理解該筆資料的性質，大幅簡化了解事件發生的時間、地點所需的工作。

技術上來說，儘管流程可同時適用於原始資料串流及事件串流，但我相信事件將主導用於跨組織邊界整合系統的串流。因此，您將發現我在本書其餘部分的另一個關注重點就是事件串流。

在任何情況下，消費者都必須要保持能夠連接到生產者並解釋所收到的任何資料；而生產者必須以消費者可使用的格式來發送任何可得的資料。與軟體中的整合方式一樣，要實現此目的需要做兩件事：一個消費者可用來與生產者聯繫並啟動連接的介面，以及生產者和消費者都同意用來格式化、打包和傳輸資料的協定。

流程與整合

我覺得跨機構邊界的事件和資料串流特別有趣，因為它們在經濟體系發展中發揮了關鍵作用。我們正快速地將交換價值（資訊、金錢等）數位並自動化以構成現有的經濟；也花費大量時間和精力盡量降低人為干預以確保更好、更快、更準確得執行關鍵性交易。

然而目前跨組織邊界所執行的大多數整合都不即時，需使用專有的格式和協定來完成，仍存在著大量「批次」資料交換，例如將文本或媒體檔案存放到他人的文件系統或雲端存儲中，然後必須由使用者發現後讀取。如果沒有一種一旦檔案到達就觸發的機制，則使用者可能會選擇直到特定時間再來查找處理檔案；或者每隔一段時間（例如每小時一次）來輪詢檔案。在批次處理中，從發送信號到採取相對應行動之間存有延遲。

有些行業已確定了用於公司間交換資訊的資料格式，如電子資料交換（EDI）紀錄；但這些僅限於特定交易，只佔了所有組織整合中的一小部分。即使存在著用於串流傳輸的應用程式介面（API），可於信號發送後立即採取行動，這些 API 在很大程度上還是每種產品所專有的。舉例來說，Twitter 廣泛使用 API 來消費其社交媒體串流，但完全是他們專有的。還沒有公司或行業，具有一致並商定的機制，可以立即交換信息來採取行動。

如今，跨組織整合（尤其是即時整合）是一項「自己動手」的實作，開發人員發現他們不得不親自投入大量心力來理解、定義用來交換資料的管道。生產者和消費者必須解決有關網路連接性、安全性、流程控制等方面的基本問題，而非僅僅於彼此之間傳遞簡單的資料集；且若希望進行即時資料交換，則資料來源必須建立易於使用的 API 和協定。現今整合即時資料產生的支出非常昂貴，因此該過程只保留給時間最緊迫的數據。

現在來思考一下，透過眾所周知的機制來建立和使用事件串流時會發生什麼事。每個開發人員都知道如何發布、查找及訂閱事件；除此之外，如果對編程和傳輸資訊的協定也相當了解，那麼無論開發語言及平台為何，每位開發人員都能與事件串流交互。函式庫和服務能消除大多數（即使不是全部）產生和使用任意事件串流所需的工作；即時整合的成本將急劇下降並且開始對串流有創新的用途。

為了支援不斷變化的人類交互結構，流程架構必須設計為異步、高適應與高擴展性。使用者必須直接連接並利用串流（如圖 1-2 所示），也必須能夠隨意關閉連接。任何消費者的連接活動都不能對生產者的營運能力產生負面影響，這些要求使生產者盡可能與消費者去耦合，進而鼓勵發展一套單獨的服務來代為處理流程。

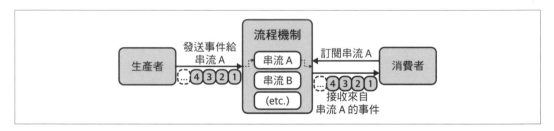

圖 1-2　流程的簡單範例

此外，高適應性需要可輕易導入至流程生態系統中的新技術，並且能供消費者和生產者根據其要求從中選擇。由於整個過程涉及許多變數，因此要開發諸如此類的流程生態系統需要花費一段時間。

在將不同領域的活動聯繫在一起的過程中，流程為創意創新造就了巨大的機會。例如智慧城市感測器的即時顆粒資料可與個人生物特徵結合，以了解哪些顆粒對個人的健康或運動表現最為有害；將天氣模型資料與交通和運輸需求數據結合，以幫助物流公司優化配送包裹路線；而個人履歷也可能來自過去或現任的雇主、讀過的學校、甚至是由電子書應用程式和 YouTube 所提供，另外還可以將您有新技能的信息發送給現職的 HR 系統，進而告知對該技能感興趣的經理。

事實上，流暢的體系結構不過是為開發人員和企業家打開了眾多可能性之極小部分。資料來源擁有的串流越多，就越能吸引消費者及進行更多實驗，進而帶來新的資料組合方式以創造新價值。

 在之前的文章中，我說明了許多雲端如何實現新企業整合的例子，我會不時地提及其中四個虛構的公司或項目。那些公司或政府項目各自代表一種流程模式，將在第五章中詳細討論，它們也會在其他章節作為例子以說明相關概念。

表 1-1 簡要介紹了每種項目，幫助您在本書其他地方看到這些內容時能有一些了解。

表 1-1　四家虛構公司展示的流程模式

公司或項目	模式	目的
WeatherFlow	分配器	美國國家氣象局提供的一種虛構服務，主要在每分鐘提供地球上有人口居住地區當下與預測的天氣，及最新消息。此 WeatherFlow 流程交互作用的例子，僅收集由少數幾個模型生成的事件，並廣播給成千上萬的消費者。
AnyRent	集合器	一間虛構的創業公司，在無任何庫存的情況下就建立了世界上最成功的線上租賃業務之一，他從全世界所有的主要租賃公司收集可用的租賃資料，並向客戶提供單一虛擬庫存。AnyRent 是一家公司的範例，從上百個（也許是成千上萬個）生產者那收集資料，然後為下游端的消費產生合併的事件串流或使用者介面。
Real Time Economy (RTE)	信號處理器	由美國聯邦儲備銀行提供的虛構服務，用於收集來自成千上萬個來源的經濟資料並進行深入的經濟分析，再根據分析結果發送事件給相關訂閱者包含新聞界、金融服務公司和其他組織。RTE 為服務範例，處理收到的事件串流找出需要其他人員採取行動的信號，然後接收該信號的事件。
LoadLeader	協助器	LoadLeader 為虛構的貨運合併商，已找到如何快速將可用空間與部分載貨託運者，以及來自北美各地企業的少量貨物進行匹配的方法，將提供託運者新的貨物形式。LoadLeader 是一個透過流程盡快處理使供需匹配的服務例子。

當任何活動資料來源都可以連接到任一授權的軟體並從中創造價值時，流暢的架構即為巔峰之作。隨著時間飛逝，組織將發現可把活動聯繫在一起創造新價值的方法，就像水在下坡時尋找海平面一樣，活動也會找到它的價值之路。不久將會看到越來越多活動流程圖、活動資料被解釋、合併並經常重新導向到新的消費者。這流程資料的全局圖以及分析、轉

換或以其他方式處理資料的軟體系統，將建立一個與全球資訊網（World Wide Web）之範圍及與其重要性相媲美的活動網路。

這種全球活動圖即為我所說的全球資訊流（World Wide Flow, WWF）。WWF 承諾不僅要民主化地分配活動資料，還要建立可反覆測試，並以低成本發現新產品或服務的平台。WWF 承諾將實現從個人擴展到跨國公司，甚至全球地緣政治系統的自動化規模，但並不會取代 WWW，後者是類似的連接知識網路；反之，WWF 將經常與網路交織在一起，促進互聯網使世界變得更小。

流程及事件驅動架構

並非所有透過網路交換的數位資訊都是流程。舉個例子，傳統透過「請求──回應」API 同步請求資訊的方法無法滿足此定義。在這些介面中，消費者可能啟動連結，但是只有當消費者請求時生產者才需要發送資訊，可是消費者在發出請求之前是無法得知的，因此通常無法即時傳遞資料。

在商業計算的前六十年左右，當時的技術限制了機構之間傳遞資訊的速度和方式。在紙上、打孔卡或磁帶上傳輸資料（顯然非即時方法）是組織間交換數位資料的第一種方式；而網路技術如 Internet TCP / IP 改革了共享資料的方式，但跨企業邊界的基於網路整合，直到互聯網發展起來的 1980 到 1990 年代之前並不算真正起步。

早期的遠程計算機網路技術由於受到許多效能的限制，導致很難做到即時共享資料；企業因而依靠「批次」方法，將大量資料打包到與另一方共享的工件中，然後作為單個工作單元由另一方處理。如今世界經濟中的大多數（也許是全部）數位金融交易在結算過程中仍依賴批次處理，在新千年開始之前，即時整合很少見。

現在能看到越來越多透過 API 模型做即時整合，主要有兩種模型：消費者藉由 API 呼叫生產者請求當前的狀態，或者生產者可以在某些特定條件下對消費者進行 API 呼叫以發送即時資訊。前者具有與批次處理類似的問題：使用者需要連續發送 API 請求，或是以延遲資料「即時」特性的速率安排 API 呼叫。

後者（生產者稱其為消費者）是一種良好的整合模式，生產者觸發動作（例如讓使用者點擊一個按鈕以開始交易），且消費者服務能提前知道。然而這必須提前了解消費者的需求，這要求限制了此模式在商業整合中的使用。可想而知，讓消費者與生產者協商連接，且實現滿足他們期望的 API 端點，是很昂貴的。

有鑑於這兩種 API 模型都無法實踐即時整合的快速發展。對公司而言，提供即時資料給未知消費者隨意處理極為罕見，這代價太高了；儘管他們限制了可自由使用的資料數量和模型，仍有像 Twitter 這類的例外。

有望改變現狀的是實行低成本且簡易的即時資料整合，這也是為何現代事件驅動架構（EDA）深刻改變公司整合方式的原因。EDA 是高度去耦合的架構，意味著在雙方交換之間幾乎沒有依賴性；EDA 滿足生產者不需要知道消費者的位置甚至存在的需求。消費者啟動與生產者（或生產者代理人）的所有聯繫，若生產者消失，消費者將只會停止接收事件。

EDA 是一套利用事件來完成任務的軟體架構模式。為簡單起見，當我提到 EDA 時，有時也會包含利用資料串流來交流活動，但有一點要承認的是，並非所有資料串流的使用都符合流程定義，而且資料串流在技術上也並非傳輸事件。即使這兩種串流類型之間存在重要區別，但本書中討論的大部分內容均可適用於這兩者。

本書雖會詳談 EDA，但並非要成為此主題的專家，而是會探討幾種 EDA 模式的特質以及他們如何告知流程的關鍵特性。在發現 EDA 可能發展為建立流暢的流程架構方法時將以此為基準。

另外需要注意的是，EDA 和流程並不會消除目前分散式應用程式架構的需求，反倒新增強大的結構來即時連接活動，因此**組合性**的概念就顯得重要。可組合的架構允許開發人員使用一致的機制來組裝細粒零件，用於資料的輸入和輸出。在各種 Unix 和 Linux 程序中找到「管道」功能（由「|」符號表示）就是一個很好的例子。開發人員藉由組合命令集合，僅在它們之間透過管道傳遞通用的文本資料來解決極其複雜的問題。解析和處理文件（例如紀錄檔案或追蹤堆疊）的大量腳本證明了它的力量，相對的在計算機操作中使用 Shell 腳本自動化工具也在不斷增加。

類似於可組合架構的**上下文體系結構**，其中的環境提供可整合的特定上下文。欲使用這類整合，開發人員必須對可用資料、傳遞資料的機制、編程和部署軟體的規則等瞭如指掌，諸如音樂錄製應用程式或 Web 瀏覽器使用的軟體外掛即為上下文體系結構的例子；儘管在某些案例中可能非常有用，但它們使用起來很笨拙且常受到限制。

EDA 為鬆耦合之方法，可在有用的地點和時間（如 API）獲取資料，但其被動特性消除了從 API 獲取「即時」資料所花的許多時間和資源消耗。EDA 為建立事件即資料串流提供更具組合性和進化性的方法，這些看似很小的差異卻非常重要。

流程的原型

現今有很多即時資料傳遞於組織之間的事例，但並不是真正在流動（如這裡所定義的）。現有的流程介面通常是圍繞專有介面建立而成，存有的 API 和其他介面通常僅由生產者有目的性的設計，或者被用於特定案例（如工業系統）。除此之外，連接到串流（至少在最初）可能不是「自助服務」，因為完成連接需要與供者進行人為互動。

其中最明顯的例子是高頻交易系統（HFT）使用的即時股票市場資料，像是 NASDAQ 之一長串交易協定選項（ *https://oreil.ly/MbWPn* ）和 NYSE Pillar（ *https://oreil.ly/438Y_* ），後者支持二進制協定與金融資訊交換（Financial Information eXchange, FIX）協定。兩者皆使用專門為速度和規模建構的整合介面，通常涉及直接連接至交換機上特定伺服器 IP 位址的指定連接埠。

這種低延遲架構對於 HFT 的成功至關重要。HFT 佔當今全球股票交易的 10%至 40%，被認為是提高市場流動率與創造新的波動性來源（ *https://oreil.ly/5zSOB* ）。HFT 之所以可行是由於 1980 年代初引入的電子交易；而當今的 HFT 系統是高度自動化的交易演算法，比其他 HFT 系統和人工交易者更迅速發現交易機會進而獲利。

這要求的就是速度，也是為何大多數 HFT 系統實際託管於資料交換中心，並直接連到交換伺服器，以盡量減少網路延遲。儘管 HFT 系統可以執行交易，但它們是在回應穩定的股票或其他可交易工具股票資訊串流。與交易系統的直接連接使 HFT 可接收定價資料和發布指令，並透過它利用套利機會在競爭者之前搶佔先機。

但是在利用專用網路發送資料之前，交易者與市場系統之間的連接是明確的。消費者（HFT 系統）到生產者（交易所或市場）之間的連接沒有自助服務介面，這就與流程定義相反。在流程定義中，消費者無法隨意建立和銷毀連接；相反的，生產者非常了解每個HFT（或資料的其他使用者），因為他們必須在其交換伺服器上開啟連接埠建立連接。

關鍵是生產者必須直接代表客戶端完成一些工作（例如，開啟網路終端口並建立安全憑證）。雙方須共同採取行動來設置，這意味著必須**先**建立企業關係，HFT 才能嘗試使用交易所的回饋。此外，HFT 必須了解生產者接收和解釋資料的機制，這些機制可能因人而異，導致實施時產生摩擦，增加建立新連接的成本和時間；然而流程架構則能消除大部分的摩擦。

另一個例子是 Twitter 的 PowerTrack API（*https://oreil.ly/mwA75*）。Twitter 每天產生超過 5 億條推文，是一個相當大卻非常有價值的資料串流[2]。Twitter 的客戶因各種目的使用它，包括客戶情感分析、廣告評估和突發新聞事件的發現。PowerTrack 允許使用者在來源即可過濾資料或僅針對與資料分析相關的推文。舉例來說，零售商 Target 可能只會過濾出僅帶有自身品牌名稱的推文。

如庫存串流一樣，PowerTrack 要求消費者在使用前先與 Twitter 達成協議，在這種情況下，Twitter 幾乎無須設置即可支援每個新客戶。事實上，從這方面看來，PowerTrack 確實非常類似我設想中的流程：使用者透過 API 呼叫請求串流，然後 Twitter 開啟與使用者的連接，流入資料。

Twitter 和股市之間有一個重要區別，應多加留意。Twitter 使開發人員可以隨意建立和銷毀連接；但股市旨在始終保持連接，連接不會隨意創建和銷毀，其主要原因是與時間敏感性有關（也許在某種程度上與設計技術的年代有關）。在股票交易中，微秒是很重要的，因此資料傳送的設定必須以最小的時間間隔來處理或路由；但對於 Twitter 而言，使用開放性的網路標準速度即很好，因此開發人員更喜歡其 API 方法提供的普遍性和靈活性。

而我認為這是 WWF 必須支援多樣性的線索，我們將在第二章中進行探討。

程式碼與流程

如果我們正尋找流程的基礎，那麼必須考慮另一階段的關鍵趨勢，就是設定階段。「無伺服器」編程依賴於系統中的事件和資料串流，越來越多地採用託管排隊技術如適用於 Apache Kafka 的 Amazon Managed Streaming（Amazon MSK），或 Google Cloud Pub/Sub 及功能即服務（FaaS）程式碼包裝和執行之快速增長，例如 AWS Lambda 和 Microsoft Azure Functions 是代表流程已起步的真實信號。

Amazon Web Services（AWS）是無伺服器編程範例的首批提供者之一，也許仍然是觀察流程誕生之最完善的生態系統，關鍵在於旗下 FaaS 產品 Lambda。Lambda（*https://oreil.ly/ukDgh*）允許開發人員「無需配置或管理伺服器即可執行程式碼」，這點很重要，因為能從運行客製化軟體中消除大部分的操作設置。

2　那裡有更大的數據流。我知道諸如行動網絡之類的系統每天會生成 PB 級資料。相比之下，Twitter 每天傳輸的資料量為 TB 級。TB 是 PB 的 1/1000。

只需編寫函式、配置相關依賴項和連接的內容進行部署，並在每次觸發事件時執行該函式。如同 Google 和 Microsoft 等競爭對手提供的產品原則一樣，消費者只需為程式碼運行的時間付費；如果程式碼閒置未被使用，則開發者不需支付任何費用。

AWS 是未來開發這種「無伺服器」模型之應用程式的眾多公司之一。藉由高度組合性並提供多元服務選項，盡可能減少應用程式的配置和部署工作。人們相信，對於大多數開發人員來說，沒有理由在大多數軟體中繼續使用傳統的架構。

但是單單介紹 Lambda 不足以吸引開發人員使用該平台，AWS 需要的是一種有說服力的方式，使開發人員願意嘗試該服務。因此他們提出一個絕妙方案：在各自營運的核心服務中增加觸發器，從建構軟體自動化到資料存儲再到 API 閘道等，然後讓開發人員自行定義 Lambda 函式，以回應來自受支援服務的觸發。

產生的結果是，在 AWS 上運行應用程式的開發人員及操作員僅需編寫和部署程式碼，就能自動執行基於即時事件的活動。不需伺服器、容器，也不需使用 API 來決定是否應觸發程式碼，只需要簡單設置即可。

因此，AWS Lambda 除了是易於操作的應用程式平台之外，還是使用其他雲端服務的腳本環境。因巨大的需求量，AWS 不斷努力添加新的觸發器而吸引越來越多的開發人員。一旦無伺服器產品組合的價值被看見，開發人員便希望利用此模型編寫應用程式。

許多有豐富的分散式系統經驗之專業人士相信，未來將屬於某種形式的無伺服器編程，因為它可以最大幅度地減少開發人員的負擔，同時又能盡力擴展正在運行的應用程式與服務。有鑑於事件驅動的方法，無伺服器模型似乎是 WWF 未來成功的關鍵所在。它使用一種非常符合流程定義的模型，提供與事件串流交互的低成本、低投入的方式。只要功能開發人員認為合適（並經授權），就可連接功能到事件生產者以滿足消費者控制連接的標準，同時生產者也可保持對流程的控制，這樣既能減少消耗事件所需的精力，也能增加流暢架構所適用的使用案例。

未來章節

了解「流程」為何是不可避免的趨勢，首先要了解企業為何希望透過事件和資料串流來整合。如果不能為企業或社會創造價值，就沒有理由讓系統朝著即時活動處理的方向發展；因此第二章的重點將放在為何企業、政府與其他機構需要採用流程動態。

我們首先將探索流程採用的關鍵驅動因素：客戶體驗、營運效率以及創新，再探討流程如何改變數學的比喻以實現其應用，即降低成本、增加靈活性並提供更多選擇。最後我們會探討，採用流程會如何改變組織的合作方式，及其帶來的正負面影響。

建立流程的進化驅動後，我們會回頭看流程整合的價值鏈，第三章將從介紹 Wardley Mapping 開始，這是一種視覺化的技術，用來獲取有關技術使用和發展的形勢感知。我們將從建立價值鏈開始，然後使用另一種建模技術——承諾理論，來驗證組件之間的協作關係；借助於經驗證的價值鏈，把每個技術組件對應到總體的演進階段。

今天有各式各樣的解決方案為流程奠定了基礎，但我們的價值鏈將簡化流程需求為 14 個關鍵部分，其涵蓋了流程傳輸與流程交互的關鍵需求，並構成分析當前 EDA 市場的基礎。

第四章將介紹目前事件驅動系統市場背後的基本概念，包括企業和其他機構使用的關鍵平台及服務；也會評估現有的服務匯流和訊息佇列、物聯網（IoT）與事件處理平台。

第五章將在第三章中建立的 Wardley Map 上執行一些小遊戲。我們需要的元件要如何從現今狀態發展而來？對於沒有良好解決方案的元素，可能來自哪裡？超越自定義流程整合所需的關鍵介面和協定的可能來源又是誰？

我們將會發現開源軟體解決方案和大規模雲端供應商對未來解決方案的重要性，也會討論現今公司正研究的幾種整合模式，這些模式可能對未來即時事件的流動方式產生重大影響。

第六章將提供建議給機構：如何開始為整合 WWF 做準備。雖然我們正努力於五至十年內使流程成為主流；但同時也相信，架構和建構軟體對善用現今流程至關重要。對於機構來說，採用開發、發布和營運實踐極為重要，使他們能利用流程提供的快速實驗優勢。由此可見，要對流程進行完整、詳細和準確的預測幾乎是不可能的；但是，了解將要發生事情的「形狀」，對於希望利用它的人來說是非常有利的。

本書最後面的附錄，可看作是對各種產品和服務的簡易調查，為實現價值鏈中的組成承諾。雖然這不是一份詳細清單，但我相信它將對供應商及開放原始碼項目針對常見串流問題所採取的不同方法給出公平的論點，對於希望能夠了解流程演化成因的人來說，不失為是一份富有見解的清單。

第二章

流程的商用案例

我們將在本書的大部分內容中探討需要何種技術來實現流程。但重要的是，首先要確定**為什麼**企業和機構需要流程，甚至對他們很重要。變革的成本是昂貴的，因此對流程友善架構的好處必須清楚地激勵企業採用相關的技術與架構模式；否則只是尋找問題的解決方案。

為了說明故事，我們將探索流程帶來好處的方式：整合成本、解決方案的組合性與 WWF 的實用性，這是對企業成果產生重大影響的所有因素，因此探索這些因素及其產生的成果顯得重要。

而我可能會反其道而行：先講述技術故事，再說明企業為何重視該技術。然而這並非是技術進展的方式，通常成功的技術會有立即見效的痛點（一種急迫尋找解決方案的急迫感），使用者可能一直到可接受的解決方案浮出來前，都沒有意識到問題的痛苦；但問題始終以某種形式存在。

企業可能會擔心成本、收入機會、競爭壓力、投資者壓力及監管要求等等；非營利組織也許擔心資金、有效性和優先順序轉移；政府和學術機構也都十分關注行動的推動。但對個體而言，痛點可能僅僅是對社會地位的渴望，或是對成為群體一份子的渴望。

欲了解技術是否會發展為**趨勢**，就必須找到這種急迫性。這裡所討論的演進路程是從客製、批次處理或者是 API 驅動的整合，到事件驅動商品化之整合的轉變。那麼在現今社會和經濟體系中，有哪些要素導致需要從前者轉向後者呢？

採用流程的驅動

讓我們從推動企業尋找新技術解決需求的重要因素開始著手，首先是整合及緊迫處理的方案，其原因與企業數位化轉型的原因相似。數位轉型很難精確定義，但通常代表整個組織活動中有意義的實行技術解決方案，包括銷售資料管理、後台業務流程自動化或即時庫存追蹤等。

IDC 於 2018 年進行的一項調查（*https://oreil.ly/FeZ3S*）中發現，受訪的企業中有 58 % 希望藉由數位化轉型來改善客戶體驗。雖然提到數位化轉型時，我第一個想到的也是這點，但有更多企業（65 %）認為改善流程自動化才是關鍵驅動因素。這是有道理的，因為自動化能提高效率，並且在定價和獲利方面能更有效得營運、也有更多選擇。

調查中未反應出來的第三個要素，反而是我認為增進流程價值最重要的因素，即數位化轉型於企業和公共服務領域中創新的能力。過去的幾十年中，WWW（和 HTTP）、API（和諸如 REST 之類的標準 API 格式）與其他具有開放互通性協定的技術平台推動了巨大的創新。基於過去的成功，秉持著企業家精神，嘗試使用「串流和串流處理」為消費者及企業創造新的價值。

現在，讓我們更詳細地研究這三個因素：客戶體驗、流程效率和創新。

增進客戶體驗

是什麼原因使客戶選擇給特定的企業開發業務？讓客戶重複選擇該企業的重要原因為何？

在我看來，無論是針對個人消費者或企業對企業的交易，答案都是簡單明瞭的：出色的客戶體驗可以建立客戶長期的忠誠度。Salesforce 於 2019 年 3 月進行了一項調查（*https://oreil.ly/e0GoQ*），發現 80 % 的受訪者認為公司提供的體驗、產品、服務這三者同等重要。

現今消費者是越來越期盼傑出的體驗。他們希望被視為個體對待，而不是作為一個類別或數字，希望他們的資料不僅對供應商，甚至對他們而言是有價值的 [1]。他們也希望資料能被用來提供一致、背景相關的資訊，以了解他們是誰、需要為何。事實上，在 Salesforce 調查中有 45 % 的受訪者表示，若公司不積極預測消費者需求，那他們將更換其他品牌。

1　當然，共享資料以獲得更好體驗是有代價的：有些相同的供應商可以將資料用於其他目的，例如向廣告商分析您的情況，但他們可能不那麼在意您的體驗。儘管像是歐洲通用資料保護條例（GDPR）之類的法律政策，試圖將某些控制權交還給使用者，但如果流程打開了共享即時資料的閘門，則將需要做更多的工作。

企業型消費者並沒有太大的不同。Salesforce 調查發現,有 82％的企業型消費者期望他們的供應商能提供與零售商相同的體驗;72％的人認為這些體驗應根據個人化需求來滿足。僅提供您從目錄中訂購、收款的方式是不夠的,人們期望的是能與您的企業(或任何組織)有愉快、個人化且一致的互動。

這意味著在建立客戶體驗的應用程式和軟體服務領域中,要共享資料並即時分享。由一個業務部門完成的客戶交易應由其他相關部門在幾秒鐘內回應給客戶。

例如,如果客戶購買了需有周邊配件的產品(例如,從行動供應商的電子商務網站購買的智慧型手機),則在日後進行購物時應先展示相關配件。如果幾年後客戶購買了另一部手機,首先展示的選項也應立即更新為該設備的最新配件。

沒有令人印象深刻的客戶體驗可能會帶來虧損,如果不知道您的客戶正在搜索最近購買產品的配件,那就失去您最具吸引力的銷售機會;同樣的,若由於市場或支出活動改變了帳戶,但存款餘額卻沒有即時更新於金融帳戶時,可能也會失去客戶的信任。如調查結果顯示,資料沒有同步更新可能會造成業務上的損失。

即時一致性的價值也不僅限於營利企業。在下列每種情況中,舉凡學術班級發生改變、緊急救濟物資減少、投票人口不斷成長,機構都有責任提供適應這些變化的解決方案。有時,資料消耗可能會延遲到消費者需要資訊之前;但通常需要盡可能地「立即」處理發生變化的信號。

無論如何,從最終用戶的角度來看,如果不能同步一致,可能代表無法達到機構的主要目標;甚至非營利組織也可能因不良的體驗而流失潛在受益者或捐助者。

當必須在組織間共享所需的資料時,無形中激起了提供一致性的挑戰。可靠的即時資料共享需要的是軟體和基礎架構,但大多數組織可能都沒有打算要購買,除非其中有很大的好處。與任意客戶或合作夥伴分享此類資料的情況較為罕見,除非這個共享是生產者不可或缺的(與 Twitter 一樣)核心業務。能改變這類經濟狀況的東西將使整合變得有價值。

提高組織效益

組織總是有動力找出方法來提高營運效率;企業則希望提高利潤。依賴捐助者的非營利組織和其他組織希望提高募資的影響力,甚至政府官僚也希望在有限的預算內完成任務,但通常面臨的是預算減少或擴大任務範圍的政治壓力。

越來越多企業開始尋求數位解決方案來提高效率。IDC 的調查發現，雇主在很大程度上依據人工生產力和資料驅動的流程改進來定義「數位企業」（客戶體驗也是受訪者的關鍵要素）。雖然「藉由行動應用程式和開放式 API 改善數位流程」顯然是改善客戶體驗的一部分，但使員工既能完成工作又能有效適應企業改革也更加重要。

通常透過組織改善工作流程（也稱為**流程改進**）對企業的成本影響最大。持續的流程改進方法，諸如 W. Edwards Deming 的全面品質管理（*https://oreil.ly/-sYUm*）和 Toyota 的早期製造過程改進，是透過提升品質及減少浪費來改善工作流程。

價值流程圖

改善流程的最流行工具之一為**價值流程圖**，出自於 Deming 等人，用來發現系統流程約束的工具。這裡的**約束**是流程處理中工作堆積的點——傳入的工作等待進入處理程序中最久的點。

早期過程改進的先驅提出了限制理論，認為流程中最有限制性的因素會掩蓋對流程其他步驟所做的任何改進。換句話說，如果不解決流程中最大的瓶頸，那麼所做的其他改進都會被掩蓋。在給定時間內能做的最有效改進，就是將最大限制因素縮小或完全消除。

找出限制因素正是價值流程圖的亮點，在 Karen Martin 和 Mike Osterling（TKMG）的《價值流程圖》書中有介紹這項技術，在此我也會簡單說明。

從追蹤整個過程中的工作元素開始，測量流程中每個步驟的兩個元素：該元素在佇列中等待處理的時間（為前置時間或 LT），以及每個元素實際完成工作的時間（為處理時間或PT），並記錄在價值流程圖中，如圖 2-1 所示。

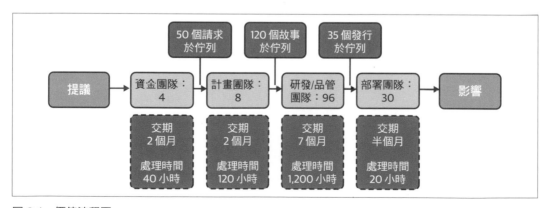

圖 2-1　價值流程圖

儘管價值流程圖較為複雜，但概念主要有兩項：衡量 LT 的重要，因為工作元素花在等待時間上對任何組織都沒有效益；測量 PT 的重要，因為縮短處理時間可以提高員工的生產率。仔細查看整個價值流程並為每個流程步驟量測 LT 和 PT，組織便能迅速判別出整個流程中的最大限制點。

那這一切與事件驅動整合有什麼關係呢？答案源於「資料流程是數位解決方案的關鍵，及流程限制的影響」。可利用軟體應用程式及服務來減少 LT 或 PT 或兩者；但這需要資料和信號，而它們通常來自外部的應用程式或服務。因此這些可以改由不同的開發團隊、業務部門、甚至是公司來設計。

因此，我們需要探討如何用軟體減少 LT 和 PT，並著手於如何從流程處理和更簡單的整合選項中受益。

減少交期

要減少 LT，軟體需要知道該完成哪些工作並盡快將其移至需要流程處理，軟體在處理工作中效率越高，該步驟的 LT 就越少。在這方面軟體遠比人類有優勢，因為軟體不需要堅守一天八小時的工作日；反而每天 24 小時、一週 7 天、一年 365 天隨時都可以準備好做下一件事情[2]。

假設決定優先順序的原則是一致且容易理解，那麼軟體還可以比人們更迅速完成這事。舉例來說，當有了正確的資料後，軟體可以安排在標準任務之前發送緊急任務、派出效能最強的卡車編排載貨時程，或當醫療監控系統檢測到緊急情況時發出警報信號。

迄今為止，多數的商業自動化平台已使用某種規則引擎來做出決定：人類建立「如果這樣，就那樣…」的語句後，交由軟體平台解釋，然後用於傳入的資料。規則引擎有許多種形式，當今的經濟實際上依賴於各種形式的規則引擎；但隨著人工智能和機器學習工具發展趨於成熟，將參數寫死的方式正逐漸被軟體取代，該軟體透過迭代模型不斷建構和測試來「學習」最佳決策樹。

但是要執行上述任何一項操作，該軟體必須能夠接收信號和資料，即為互通性的表現。我在第一章中談過生產者和消費者之間的連接需要共享介面和協定的結合。如果介面和協定未打開且未被正確認知，則需要連接相關各方間的協商。這種協商需要的時間和精力，超出了串流與處理資料所需的開發工作。

---

2 這麼形容是有點誇張，因為可用的處理時間取決於軟體計畫正常運作及意外停機的時間。

開放的介面和協定（像是由市場或社區定義或使用的介面及協定）相當於一組「預先協商」的選項。如果沒有協商連接介面和協定的成本，建立連接會比創建自訂的連接要便宜得多（假設基礎架構不斷發展以支援新的流程）；反過來說，較低的連接成本使流程和自動化的成本也大幅減少。

與人為管理佇列相比，即時的自動化可以使工作得到更有效率的處理，亦即減少 LT 的效率。

減少處理時間

自動化對於減少完成工作（PT）所花費的時間也至關重要，但並不是全部。想要知道為什麼流程可以縮短處理時間，就需要研究工作執行的機制與完成工作所需的資料。

數十年來，執行計算、基於定義明確規則做出決定或轉換資料封包的軟體程式，已成為商業流程工具包的一部分。從電子表格到大量資料處理的一切環境，都是為了加快組織間的資訊流動，以實現關鍵功能。

由此可見軟體能加速 PT 並非新鮮事，這也是企業對軟體的處理方式。事實上許多 IT 都集中在減少規範性的人為工作（例如提供伺服器、計算稅額或預訂會議室）以及提高自動化流程和服務的性能上。

但是為了發揮作用，所有需要的資料必須隨時提供給需要用它來執行任務的軟體功能。如果可以一次性建立適當的連接和功能而不必再更改，那就相對簡單多了；但是隨著業務的發展，商業流程必須能輕易適應甚至預測發展。當新的資料來源與企業相關且可得時，則需要對其試驗。

流程將創造一個串流整合不僅比以往更容易、便宜且更具有互通性的世界。**互通性**是產品或程序與其他輕鬆交換資料和活動的能力。流程藉由給定的流程生產者產生易於讓感興趣的消費者使用串流，從而支援互通性。生產者和消費者共享連接到生產者的機制並了解用於打包和發送串流元素的協定。

請注意，消費者處理資料時可能需要一些專門為生產者提供的有效負載的已開發程式碼；但是關於建立連接、處理透過連接的資料串流、解釋有效負載的類型與其他重要事實（如加密、原始來源等）的內容，都可能會透過流程的介面和協定提供。

這對於流程自動化意味著隨著資料來源的變化，開發人員將使用標準化的軟體機制來檢測，並依據需要修改連接、有效負載檢索和其解釋。變更整合的成本完全在於修改解釋有效負載所需的程式碼。整體而言，這與更改應用程式功能的成本一致，體現了現代軟體技術提供的敏捷性和經濟性。

創新與實驗

流程互通性也有助於第三個驅動力——創新。**創新**是利用一種想法或發明為目標族群創造新的價值。可把創新想成是對現有問題想出更好解決方案，或者對新出現或未得到充分服務的問題提供全新的解決方案。創新是使組織擴展邊界並追求新使命或市場的動力。

總體而言，創新活動發現與公司績效呈正相關，在諸多學術研究中也得到證實（*https://oreil.ly/UFnEI*）。雖然有些例外，但大多數的新產品或服務創新、或對現有產品和服務的改良都會促進更好的市場表現。確切的機制很複雜，還可能有其他一些促進創新成功的因素如市場或生產策略；但是，創新無疑是在競爭激烈的世界中關鍵的戰略。

重要的是需注意「創新」不等於「適應」。公司必須不斷適應才能生存，這是所有複雜的適應性系統的特徵。當系統中的代理不斷努力與其他類型的代理競爭時，所有競爭的代理必須跟上否則會面臨被淘汰的風險。正如 Matt Ridley 在他的《紅色皇后：性與人性的演化》書中的一段話：「人生是一場西西弗斯式的比賽，越來越快奔向終點線，而終點線只是下一場比賽的開始。」[3]

對於組織而言，可能需要一些適應的工作才能跟上競爭對手的特色、跟上政治危機的新參數或者其他威脅生存的因素；但這不是創新。這點在熱衷於數位化轉型的現代中表現得尤其明顯。**數位化轉型**是一個術語，通常用來描述組織使用線上體驗和軟體自動化來增進客戶體驗與員工效率的工作。對於許多公司而言，它們在應對競爭壓力時必須得數位化轉型。

數位化轉型旨在避免競爭中斷而非創新，此乃做生意的成本，生存的代價。另一方面，以破壞市場為目標的數位項目使公司具有潛在性競爭優勢。為了使商業流程能夠顯著地推動業務發展，必須使用新的方式拓展業務，而不僅僅是快速地跟上時代。

這是流程互通性如此重要的原因。透過建立簡單的方式來傳遞並使用資料和事件串流，WWF 將吸引新的生產者及消費者，也將促使更多技術公司有效率地去解決新問題，如此一來反而能吸引更多的生產者與消費者。這種自我增強的反饋迴路，是一種在過去的技術革命中產生巨大價值的效果。

3　Matt Ridley，《紅色皇后：性與人性的演化》（New York： Macmillan 公司發行，1994），第 174 頁。

流程將如何體驗這一價值？**網路效應**是當一項技術在效用和市場興趣方面都獲得收益時所產生的正反饋迴路。隨著每個新企業或消費者都使用技術，增加了識別附加價值的可能性進而吸引更多企業及消費者，依此類推。您可能已經聽說過有關電話或傳真機的影響；但我個人認為流程的更好比喻是 WWW，如同在第一章介紹的。

由 HTTP 建立和連結內容產生了新價值，因此吸引新用戶的訪問；反過來說，新用戶吸引了更多的內容創建者和線上的商業屬性，進一步提高網路對消費者的價值。最終 Google 的企業家找到一種無需連結即可查找內容的最佳方法，進而發展出一種全新的網路實用工具：向正在尋找特定內容的人廣告行銷。換句話說，這有助於 WWW 在現今社會中發揮的關鍵作用，它曾經是（也繼續是）經典的網路效果。

千禧年之際，各類型組織紛紛「投入網路中」，這波熱潮是由早期的 Web 屬性為該技術發現的創新所直接刺激的。但是，透過網路尋求有競爭優勢的公司，找到了早期的先驅者沒有預想到或未實現的新價值形式，例如 Facebook 這類的社群網路或雲端運算服務。網路技術能力和用途的增長，必定會與不斷成長的「存取線上日常活動及知識的需求」交織在一起。

即使今天 Web 成了文件檔案、資料擷取、商務、娛樂等眾多功能普遍性的存在及預設環境，新的價值仍在發掘中。儘管其中有些價值可能破壞社會的某些方面，但大部分的價值使網路用戶的生活更加輕鬆；因此，網路上的內容量也將持續增長（可能延續好幾代）。

流程將看到類似的效果，藉著雲端供應商推出的串流整合選項，我們已處於起步階段，例如 Amazon Web Services 的 EventBridge 服務。EventBridge 提供一種使用無伺服器產品組合（例如 Lambda 函式服務和 Kinesis 串流處理器），連接來自各種軟體即服務（SaaS）提供的即時事件串流的標準方法，吸引更多企業透過 EventBridge 提供串流，以及更多 AWS 客戶使用 Lambda 和其他事件驅動的服務來解決關鍵業務問題。我們將在第四章中更深入討論 EventBridge，它肯定是開放性 WWF 的前身。

隨著串流選項數量的增加，將在串流處理方面上定義越來越多的業務性能，促使開發人員找到更容易的方法來發現、連接及處理。雲端供應商的專有機制將逐漸讓位給用於其他串流資源的通用抽象。當這類情況發生時，標準的流程介面和協定將變得更加重要。

一致的客戶體驗和更高的效率將推動現有串流的使用（或使現有服務適應串流處理架構），而創新將推動 WWF 的擴展及最終普及性。

促進採用流程的因素

現在，讓我們專注於關鍵的高階品質流程，以及它們如何支持業務驅動因素。我們不會過多推測流程可能展示的特定技術功能（將於本書其他章節詳細介紹），而是以高階管理者的身分審視流程，並探討其架構必須展現的品質，才能使技術在我們剛剛討論的變革驅動因素下引人注目。

個人認為流程採用影響最大的三個特徵是降低串流處理的成本、增加組成資料流程的靈活性，以及建立、利用豐富的市場生態系統。低成本、高靈活性及更多的選擇，對於任何希望「事半功倍」同時又能保持適應不斷變化的條件的組織而言，是三個自然的吸引因素。這些相同的促成因素也吸引了需要探索與利用外部資料串流以及時處理的組織；因此，就讓我們更深入探討這三個特徵吧。

降低串流處理成本

整合成本主導著現代 IT 的預算。2019 年 Grand View Research（*https://oreil.ly/PLofe*）的一份報告預測，2025 年整個系統整合市場（支持整合業務系統的商品和服務）將達到 5,825 億美元。

IT 項目中幾乎所有內容都必須與某種東西整合在一起，至少要啟動資料存儲或紀錄系統。大多數現成的 SaaS 應用程式甚至需要額外的資金，才能將其整合到商業流程中。

整合無所不在，但是我們仍未整合所有可整合的資料流程。對於許多整合機會來說，建立系統間互動的成本實在太高而所獲得的價值卻很小，與外部組織及其計算系統整合時尤其如此。

阻礙整合的成本可能來自多種因素，包含開發和營運成本、或由「中間人」提供的服務成本（例如電子資料交換或 EDI、票據結算）；也可能來自維護網路連接所衍生的成本，網路連接使系統之間具有足夠的通訊頻寬和延遲。整合中的最大成本之一便是實施和測試程式碼及設置的人工成本。

但若是能降低連接、發送、接收和處理資料的成本，則可使這類整合變得有意義。多年來與我接觸過的多數企業都累積了大量想要整合的軟體，以實現流程自動化或減少軟體產品的組合。物流公司（例如第一章所虛構的 LoadLeader）希望與客戶的運輸系統整合、政府希望從更多來源即時蒐集稅收資料。想像也許有一天，人們不需要採取明確的行動，汽車和房屋即能透過通訊來打開電燈並開啟車庫門。

這就是為什麼我懷疑流程對整合的整體支出有負面影響的原因。當降低高需求產品或活動的生產,特別是能夠實現新價值的平台成本時,您會看到有趣的效應,即所謂的 *Jevons* 悖論(*https://oreil.ly/h-8OK*)。

十九世紀一位經濟、邏輯學家 William Stanley Jevons 注意到,英國工廠引入更高效能的蒸汽機後,發動機的主要燃料煤炭之消耗量大幅增加。即使每個蒸汽機使用較少的煤炭來產生與舊有技術相同的動力,但效率的提升使煤炭成為更便宜的動力來源,促進更多的蒸汽機被工廠使用,因而消耗更多煤炭。

什麼是「蒸汽引擎」?是什麼技術可以從根本上改變整和經濟學?沒錯,就是串流處理。另外,我認為將改變資料和事件串流的經濟性創新,就是實現流程的通用介面和協定。降低整合成本及人們發現串流的新用途將增加對串流技術的整體需求,即 Jevons 悖論起的作用。

流程受益於三樣東西的結合,且將隨著時間的流逝降低成本。第一個是引入標準的工具和方法,第二是能夠整合串流的更大人力資源,第三個是前面提過的網路效應的規模經濟。

圍繞流程的工具和方法之標準化,使開發人員專注於發送和使用資料有效負載。我相信長遠來看,編程平台將透過標準程式碼庫,甚至新的程式語言構造來支持流程。

這些新的標準機制也意味著開發人員可花費更少的時間來編寫處理協定或介面的程式碼,而能投入更多的時間於撰寫最終用戶所需的功能性邏輯。我認為此時 Jevons 悖論發揮了良好的作用,因為開發人員能更快速實現並發布功能,他們會得到更多的試驗空間,而不斷的試驗將推動新業務的成功,進而帶來更多功能需求。

也許更重要的是,企業和消費者應用程式將開始支援流程以啟用依賴於即時資料傳遞的關鍵功能。對一致的客戶體驗需求(例如可以與串流消費者共享的簡單符號)將推動整合第三方應用程式功能之需求;而後台系統也將逐漸實現更好的串流傳輸,以代替 API 輪詢或整合文件交換方法。

上述所有的效率提升將能節省更關鍵領域:發展業務的成本。員工生產力始終受益於軟體,但是如前所述,即時資料與自動化(包括新的機器學習方法)的結合使我們趨於減少 LT 和 PT 來將效率最大化;相對的,對於特定的組織而言,降低 LT 和 PT 可以減少單位產出的人工成本。

對流程解決方案的需求,將帶進為了實現而必需的技能之更大需求。流程本質上是一種複雜的系統技術,因此需要對如何使系統具有彈性和高性能的技術有基本的了解。

在這方面,我認為流程的發展不同於 HTTP 和 HTML。Web 技術相對較容易學習,並且可以實現大量的創造力和直接與使用者互動;而流程大多在背景運作,可以產生出色的用戶體驗,但它本身並不是展示的技術。也很難說技術新手對於了解和利用流程會有多容易——至少在最初階段是這樣。

這就是說,隨著技術的發展與新抽象之概念的出現,整合(並在現有基礎上持續簡化操作這些整合)的過程越來越簡化,我希望這些技術能被越來越多的人掌握。當越多人能夠利用流程來建構解決方案,他們的勞動成本也會平均下降。從理論上講,對於非技術人員而言,藉由流程進行某類型的整合甚至變得很普遍,例如消費者可整合自家的智能家居設備,或者製造工程師可透過機器控制系統整合製造流程。

最後互聯網流程的增長將透過經濟規模節省成本。規模經濟是指隨著商品或服務產量的增加而節省,您生活周圍的每一天都可看到規模經濟。

如 Walmart 或 Amazon 等大型零售商轉售大量購買的商品來實現低價;Microsoft Azure 的雲端供應商能夠以更低的成本提供服務,甚至比許多獨立公司透過高效經營自己大規模資料中心組合所能實現的成本更低;航空公司透過利用承載數百人的大型飛機提供載客,並非單獨為每位乘客提供飛機來降低飛行成本。

流程的規模經濟來自建立、傳輸和接收串流資料的提高效率,與流程相關功能的需求促使新供應商專注在找出依賴流程服務的競爭優勢。雖無法準確預測這些產品和服務為何,但正如第三章中提到的,我們大致上能了解問題的雛型。

當然我也會期望能優化網路配置、為服務及利用資料提供服務的新雲端服務,以及透過串流價值貨幣化的新方法。隨著需求量的增加以及供應商找到提升效率的方式,客戶實現的代價也會逐漸變低。

增加資料流程設計的彈性

節省成本是好的,但創新和適應取決於變化的能力,以及選擇利用組織所處環境中行為的能力;如果沒有以成本有效和即時的方式去執行行為的變更,組織將比現有的整合選項失去更多收益。

因此促成行為變更的機制至關重要。我相信未來的流程架構將在這方面出類拔萃，原因眾多，但其核心概念為可組合性的概念。

第一章已簡要討論了可組合性，現在我們要更深入探討這概念。我發現，如果將其與應用程式中經常處理整合的另一種方式（即插件架構或稱為**上下文體系結構**）比較，將有助於進一步理解。

Neal Ford 在 2013 年引用部落客文章（*https://oreil.ly/G_TgY*）首次向我介紹了上下文與可組合架構的概念，當時他是諮詢公司 ThoughtWorks 的系統架構師。Ford 主張開發人員最終會放棄 Maven 自動化建構工具，是因為儘管它在專案初期提供了有用的結構，但其僵硬且教條性的本質使其無法適應多變且複雜的環境需求。

Ford 認為 Maven 是上下文工具，意味著其為開發人員提供**在 *Maven* 的創建者預期的特定上下文中擴展其功能的方法**。想要編寫以特定格式報告結果的工具嗎？使用 Maven 非常容易。想要使 Maven 適應複雜的法規遵從制度，該制度在建構過程中需要設立多個接觸點，並且可能會完全改變建構例程？就算此方法可行，也是非常困難的。

Ford 根據 Deitzler 的存取法則利用上下文工具意識到了此問題，該法則是由曾為客戶處理過許多 Microsoft Access 項目[4]的一位同事創建的，其內容如下：

> 每個 Access 專案最終都會失敗，儘管用戶想要快速、輕鬆地建立專案 80% 的內容，但接下來的 10% 內容可能就會遇到困難，最終的 10% 幾乎是不可能的任務，因為您沒有足夠的內建抽象支援；可是用戶往往希望能掌握 100% 的內容[5]。

換句話說，由於 Access 鎖定了開發人員可以使用工具的上下文（透過定義工作流程和所需操作的抽象），因此大多數的專案最終會發現做不到許多事情，於是就放棄該工具。這不是為了打擊 Access，實際上這類產品廣泛用於小型專案的辦公室環境。但通常來說，僅允許在特定的上下文中進行修改和擴充的工具會「碰壁」，也就是說依實用性而言，開發人員將開始尋找滿足其需求的選項。

---

4   Microsoft Access 是 Microsoft Office 某些版本中包含的資料庫引擎，可滿足輕型資料庫應用程式的需求。

5   Neal Ford，「Why Everyone (Eventually) Hates (or Leaves) Maven」，Nealford.com (blog)，2013 年 1 月 22 日。

Ford 將上下文工具與可組合的選項對比之後發現，可組合工具通常由「被預期以特定方式連接在一起的細顆粒物體零件」製成。他舉了一個很好的例子是 Linux 命令，即使用者可以將一系列的命令串起來，自動將上一個的輸出作為下一個輸入指令的「管道」機制。這對於不熟悉管道的人來說是一簡單的例子。那下面是 Ford 在他的貼文中提供的另一個例子：

> 1992 年一個著名的故事說明了抽象的強大之處。Donald Knuth 被要求編寫一個程序來解決此文本的處理問題：**讀取文本文件，確定 n 個最常用的單詞將其及使用頻率依排序列印成表**。他編寫了一個包含十多頁 Pascal 程式並於過程中設計、記錄新的演算法，然後 Doug McIlroy 演示了一個易於放入 Twitter 內的 shell 腳本，其更為簡單、優雅且易於理解（如果您了解 shell 命令）地解決了這個問題：
>
> ```
> cat [my file] |
> tr -cs A-Za-z '\n' |
> tr A-Z a-z |
> sort |
> uniq -c |
> sort -rn |
> sed [n]q
> ```
> [6]

實際上這是非常優雅的腳本，利用 cat 指令將文件內容輸入到腳本的其他部分。第一個 tr 指令是將每個單詞放在自己的行列上；第二個 tr 指令是把所有內容變為小寫。然後，第一個 sort 指令按字母順序進行單詞排序；uniq 指令消除重複的單詞，但是這樣做會增加該單詞的原始實例數量。第二個 sort 指令使用 uniq 指令創建的計數，按數字順序（從最高到最低）進行排序。最後，sed 命令獲取列表的前 n 行，其中 n 是您提供的整數，指執行腳本時您希望返回的單詞數。

瞧！文件中 n 個最常用的單詞列表就出來了。僅安裝作業系統的都可以使用標準的 Linux 指令。

管道的強大之處在於，它沒有預定順序，但程序員必須使用這些工具。因此腳本已應用於從自動化日常操作任務到掃描收到的電子郵件中的所有關鍵詞。正如 Ford 所說：「我懷疑，即便是 Unix shell 的設計人員也常常對開發人員利用簡單而強大的抽象概念建立的創造性用途感到驚訝。」[7]。

6　Ford，「Why Everyone (Eventually) Hates (or Leaves) Maven」。

7　同上。

常用介面和協定如上所示,可使流暢的架構展示出與管道相同的可組合模式。對於流程,開發人員將能夠利用流程將資料串流,從一處理系統透過「管道」傳輸到另一個處理系統。

流程靈活性中有一個很重要的概念是互通性。流程不僅使開發人員能夠以最少的整合工作把一系列串流處理步驟聚在一起,而且這些串流處理選項,還使用常用機制來連接並解釋串流;也就是說從未明確設計為共同協作的工具在彼此連接時,極有可能以可預測且有效的方式回應 [8]。

互通性對於將靈活性建構到像流程這樣的核心解決方案中至關重要,這是強大的概念,也是為何軟體系統在現代生活中如此成功的核心所在。每日我們都會依賴互通性,例如我的理財專員服務,可以提供從其他金融服務所接收的資料來全面了解個人財務狀況;我的手機支援數千種應用程式,其中大約一百種足以應付日常使用;我每天使用瀏覽器訪問數十個不同的網站,多半的渲染和行為均符合網站設計者的意圖。

在流程的上下文中,互通性僅僅是生產者和消費者交換資訊,及使用交換來的資訊的能力;換句話說,消費者具有連接到發送適當資料串流格式,並使用該串流的生產者之能力。雖然純粹是推測並試圖準確預測其工作方式,但就「如何實現互通性」而言,我個人分析出以下合理的假設:

• 生產者和消費者(或其代理商)將利用常用介面及協定來建立連接並交換關於被交換內容的元資料。

• 對於獨立事件,會有其他描述每個事件之時間、類型和格式的元資料。

• 資料有效負載本身將按照生產者訂立的格式進行格式化(並在元資料中指示),但是常見的類型最終具有標準格式,且所有使用者都可輕鬆解讀。

如果確實如此,那麼即使在特定行業的情況下,也能看到標準串流操作可用的選項將大量增長。

---

8 正如我們看到的,當進一步探索流程、資料和事件有效負載格式(用於特定串流傳輸的唯一資料)的可能機制時,也許會更針對特定的上下文定義。因此,將任何串流使用者連接到任何串流生產者並獲得有效結果似乎是不太可能的;但是任何符合要求的消費者都應該能夠讀取由任何符合要求的生產者發送的上下文資料,以確定是否能夠使用有效負載;這在開始建立和管理連接時會減少大量的工作。

例如，我希望現有的股票交易協議可以很容易適應新的流程格式，因為有效負載資料格式已是眾所周知。常用有效負載標準的醫療保健資料也越來越成熟，這將使患者、醫生和設備資料在供應商之間移動之成本遠低於當今的選擇。

但互通性也不是萬能的，就如同與大型複雜系統一樣，流程中的互通性將發生奇妙而可怕的事情，流程不可避免地變得越來越難集中管理。John Palfrey 和 Urs Gasser 在他們所著的《 *Interop: The Promises and Perils of Interconnected Systems*》中概述了該問題：

> 太多的互連問題對組織和整個社會都構成了巨大的挑戰。我們最先進的系統和基礎架構已變得如此復雜以至於很難有效管理。例如金融系統陷入很大的危機之部分原因為前所未有的數位連接性而產生新的漏洞、複雜性及骨牌效應。我們的網路技術無所不在且使用率極高，以至於會擔心個人和家人的資料可能會洩漏在視線和控制範圍之外。在這些情況下，問題不在於互連本身，而是缺乏充分安檢或管理的事實[9]。

流程也可能會帶來意想不到的後果，例如安全性或隱私問題；但我敢打賭，它帶來的經濟機會將推動克服這些問題的投資。如今的法律和經濟系統正在學習如何應對高度互連的 WWW 所帶來的負面影響；在未來的十年裡，對於相同的流程處理無疑將成為主要話題，也是一個巨大的經濟機會。

打造大流程生態系統

流程的可組合性與互通性之積極面，是市場生態系統圍繞關鍵流程解決方案進行開發的機會。生態系統是技術市場中強大的實體，我們一再看到，互連及互通性的核心引擎創造者如何在鼓舞他人從其產品和服務中賺錢（或創造價值）時，建立了雄偉帝國。

CIO Wiki（*https://oreil.ly/4Cg8U*）對我所謂的**生態系統**有很好的概述：

> IT 生態系統是「驅動資訊技術產品和服務的創造與交付的組織網路」。
>
> - 技術生態系統是由平台所有者製造的核心組件所定義的產品平台，並由外圍自治企業的應用程式補充。
>
> - 這些生態系統提供的解決方案，包含比原始平台所有者創建的更大的使用系統，並且可以解決產業內的重要技術問題。

9　John G. Palfrey 和 Urs Gasser，《*Interop: the Promise and Perils of Highly Interconnected Systems*》（New York：Basic Books，2012），第 5 頁。

- 在成功的技術生態系統中，很容易連接到或建立在核心解決方案上，以擴展使用系統並允許新用途，甚至有意外的最終用途。

- 單獨使用時，核心公司的產品具有重要卻有限的價值，但與補充應用程式一起使用時，其價值會大幅增加 [10]。

換句話說，當一個公司（「核心」公司）創建一個軟體系統，並允許其他自治公司為了新增或修改目的而擴展軟體系統時，這些公司及其相對應的解決方案已經是建立一個生態系統了。

根據我的經驗，最重要的生態系統往往都涉及那些為核心公司和系統其他成員創造經濟機會的生態系統，使人謀生甚至創造財富更是任何平台供應商的強大吸引力；但是今天，可能會看到其他形式的價值源自生態系統。例如，在開放原始碼專案中，開發人員通常會增加生態系統來建立聲響或只是填補專案效用方面的空白。

流程將驅動圍繞事件串流構建的生態系統並從中受益。沒有一間公司能夠判別、設計、開發和交付即使是單一行業的一系列需求；因此將取決於整個市場的集體努力，以使客戶能夠在預期的商品功能和新的創新解決方案中利用流程。

在現今的經濟中，我們已經有了圍繞串流資料構建的生態系統之強大範例。例如，股票市場已經完全轉變為執行市場的電子形式。有關交易、股票所有者（或詢價）以及買家提供的價格（或**出價**）已電子化長達 140 多年。Edward A. Calahan 於 1867 年在紐約引入基於電報的自動收報機系統（*https://oreil.ly/UnqFT*），使人們可以交流發生於交易大廳的事情，但是發起詢價、出價和交易的人必須直接與交易廳中的人對話。

時至今日，即使是交易大廳本身也越來越多透過 API 和分散式計算系統進行電子交互處理。因此早期交易所的紙帶系統已經過時（隨著 1960 年代計算機系統的出現而逐漸消失）。但是它被一些新產品取代，這些新產品在事件發生後的幾毫秒內結合接收資料（詢價、出價或記錄交易），並幾乎同時採取行動。

這些服務的即時性、可靠性和一致性導致圍繞資料串流提供的商業數位化爆炸性增長。第一章我們談到高頻交易（HFT）及對市場流動性和波動性的影響；此外，還有大量的商業公司使用股票市場串流以其他方式獲利。特別是像 CNBC 這樣的電視網路利用市場串流資料，在螢幕最下方提供滾動資訊；共同基金管理公司則是用來監督意外事件，因其表示有機會（或緊急需要）購買或出售所持有的資產。學者們使用其中的歷史資料來尋找可能使人易於了解經濟運行方式的模型。

---

10 「IT 生態系統」，CIO Wiki 更新於 2018 年 12 月 28 日。

電子股票市場的成功以及支持它們的串流媒體服務，展示出生態系統的力量。資料串流不僅使許多公司得以存在，而且是以前所未有的方式擴展。生態系統還創造了一系列股票服務，以填補從空頭共同基金到低成本金融諮詢及資金管理的各個領域。

流程將為其他行業也創造了類似的條件，在這些行業中，金融性的串流資料重要性遠不如股票市場。您可以簡單想像醫療資料串流以患者為中心建築服務的價值[11]，建築行業可以從對建築材料、工會勞工甚至設備租賃的競標價格中受益；但許多人也會懷疑智能家居系統（例如智能冰箱）將資料串流傳輸到相關行業（例如雜貨店送貨服務）的效果如何。

每個組織都應考量哪些方面可能會產生資料串流，而其他人可在此基礎上創造更多有利於客戶的資訊。生態系統是我們經濟發展的基礎，也是推動業務增長的強大引擎。金融服務業只是一個例子，在過去的三、四十年中，圍繞資料串流建立的生態系統可能產生數十億、甚至上兆美元的財富。

企業需要從流程中獲得什麼

為了實現降低成本、提高靈活性及豐富生態系統的承諾，我們可以預期流程必須表現出一些特徵，但這些特徵並不具有排他性，因不可能預測出流程系統的所有特徵。不過它們是我認為流程必須具備的關鍵屬性，才能使流程在現代數位經濟中發揮作用。具體而言，流程必須是安全、敏捷、即時、可管理的並保留過往的記憶。

安全性

首先，要使生產者的資料對消費者有價值，就必須得到信任。為了使生產者能夠在與客戶共享數據時找到價值，必須信任串流消費者；換句話說，生產者必須保持控制誰可以存取其事件。而資料來源對於生產者和消費者（包括可能會在下游進一步接收資料的生產者和消費者）也非常重要。在理想的世界中，生產者相信其資料不會在他們無法控制的環境中被錯誤陳述，這是一個非常困難的挑戰。

---

11 顯然地，患者資料和股票交易資料之間存在很大的差異，包含隱私控制及確保資料完整性。我並不是說醫療保健或其他行業的生態系統看起來都像股票生態系統一樣，只是他們有機會使用這些資料串流為市場建立適當的服務。

敏捷性

　　流程與流暢度的真正價值在於連接的去耦合性，以及消費者和生產者必須根據各自意願改變流程的靈活性，這使流程系統中的個體代理人能夠在不斷變化的環境中適應和進行試驗，系統本身也能快速適應代理人的變化。敏捷性總是受到有意的限制（如存取控制限制）；但一般來說，如果提供代理人選擇權是有意義的，那麼選擇的機制應可行。

即時性

　　流程的價值是組織間狀態改變的通訊速度，必須在適合其套用的上下文時間範圍內到達。對於某些資料而言應盡可能接近即時（例如高頻交易）；而對於其他人則可能是「只要符合成本效益」（例如交通警報）。

管理性

　　生產者和消費者都必須從他們的角度（可觀察性）理解系統的行為，並採取措施糾正不良行為（可操作性）。正如我們將看到的，生產者及消費者在這方面都受到可實際控制元素的限制，這也給其他四個需求帶來了有趣的挑戰。

記憶

　　許多使用案例都需要能夠重建狀態或審核特定實體的狀態變更歷史記錄，雖然在內存記憶不重要的情況下，「觸發並完成」事件是完全可接受的；但對於需要「記憶」過去發生之事件的人來說，流程將需要適應重播串流的能力。

採用流程的影響

因此，我們已經確定存在著一定的業務需求將帶動新軟體的需求，且該流程能滿足需求並隨著其使用量的增加而推動價值增長的功能。但是流程會如何影響企業運作的方式？WWF 的出現對組織、社會和經濟又意味著什麼？

首先必須要說的是，此處我們進入到猜測的世界。儘管我們確信會出現流程協定和介面，但仍無法精確預測其確切性質及對應用於整合問題的影響。我們可以先大致上了解事物的雛型（在本書其他章節會更詳細介紹）。

正如在 HFT 上看到的，我們可以利用現有的成功案例來了解機構的整體發展（這要歸功於流程）。因此，我們合理地發現流程將推動三個關鍵領域的變化：時間緊迫性資料的使用包含即時案例、數位流程網路的快速增長、新企業和商業模式的出現。

擴大使用及時資料

那些看不到企業和機構運作日常活動的人常常感到驚訝的是，所涉及的許多技術都會對相關人員造成知識和洞察力方面的延遲。例如，直到幾年前，線上零售商通常要在活動結束後的 24 小時或更長時間，才知道銷售活動是否帶來正面影響。即使是現在，也不是每個人都可以從商業角度即時分析廣告系列的結果，例如可能會根據技術性能方面來衡量活動的結果，但無法將其與所獲得的收入或新客戶聯繫起來。

銀行、保險、物流甚至政府都是面臨這樣的挑戰。依賴批次處理來完成交易或共享資訊會導致人為識別事件發生的延遲，連帶影響服務速度和洞察力變慢，發現時可能為時已晚，無法產生價值。

資料處理通常被延遲的原因有很多種，但是大多數與相關技術處理大量資料所花費的時間有關。批次處理一直是大規模資料分析的規範，即使是收集自瀏覽器性能資料、電子感測器或人工資料輸入終端等也是如此，意味著資料被收集並儲存到最後再全部一起處理的資料群集中，且通常就是一整夜。

串流處理、公司資料中心和公共雲端供應商中的大量可用的計算能力，以及機器學習、即時串流處理和無伺服器編程服務…等新的自動化選項之結合，構成代替批次處理的方案。在許多情況下利用這些技術，機構可以選擇在接收到資料後立即進行處理，例如線上零售商可以對單個廣告系列進行趨勢運算分析。理論上，銀行可在幾秒鐘內就完成電匯。

如果您將串流處理擴展到包括透過流程來整合從個人或其他組織接收到的資料，則現在您能夠自收到其他方的信號後立即衡量或採取措施。當新增流程連接的可組合性和消費者控制時，此時具有的條件是，即時處理可以由有需求的人而非供應的人來驅動。

當我們探索流程的發展方式時，重要的是要記住，客戶體驗和效率都是在數據可用且相關的情況下，盡可能快速消費數據的具體驅動因素。企業和其他機構很快地發現即時處理資料將改變流程或交易經濟性的用例；他們甚至可以嘗試透過即時資料串流而實現新流程；換句話說，流程也將推動創新。

流程網路的重要（和危險）

我們稍早介紹網路效應時，討論到創新的動力以及流程要如何鼓勵創新。成功利用流程來推動創業與發展（為技術創造新用途並吸引新客戶解決流程問題）是一個相當重要的概念。實際上，我認為企業組織與整合方式上的根本變化將取決於 WWF。

但是我認為值得探討的是，生態系統和網路效應將如何影響機構及經濟發展。具體來說應該要理解為何可組合、可互通的資料流程架構會大大影響到組織形態。

現在，我們再次進入猜測的世界。如果流程世界以相同的方式影響工作流程，那麼其他可組合架構也會影響活動在所有流程中的流動方式（例如，從操作系統腳本到大型軟體系統中的訊息傳遞），而我們發現一些引人入勝的可能性。首先，公司的本質是將一組資產（人員和工具）識別為單個法人實體，使之在協調控制下派遣於複雜的任務，協調控制取決於各種資產之間的信息移動，以觸發所需的行為。雖然商業模型在歷史各個階段產生積極和消極兩種結果，但公司的規模越大，必須開發的功能也越多，以實現最有價值及最具獨特的業務功能。例如，每個西方公司都設有一個財務部門和一個人力資源部門，雖然這些與競爭對手甚至是其他行業的公司沒什麼區別。

增加的可組合性創造了機會，在數位企業流程中將差異化的活動與無差異的活動區分開來，或使用 Geoffrey Moore 在其著作《公司進化論：偉大的企業如何持續創新》[12] 中引入的一組術語，它大幅減少將業務重點放在核心而非外圍所需的工作量。Moore 使用**核心**術語來描述企業將其產品從競爭對手或其他替代產品中脫穎而出的活動，而**外圍**是指企業其他不具辨別性的活動。投資於創造或改善外圍活動並不是為了提高您企業、非營利組織或其他機構的價值。Moore 提供的證據表明，在核心活動上大量投資並找到減少外圍投資方法的企業，才能在不斷變化的市場中生存和發展得更好。

因此，對於大多數組織而言，將上下文工作分配給專業的人是美好的前景。假設建立工作整合所需的投資量很少，那麼流程可以使領導人尋找機會，在意想不到的地方以越來越精細的層次進行工作。

舉個例子，一個人力資源團隊可以建立對招聘流程有效管理的自動化系統，卻將特定步驟如簡歷評分、技術技能評估及招聘顧問的意見外包。儘管今天有工具可完成某些工作，但在一個整合多個工具的複雜過程中通常會導致批次處理、人為活動甚至從資料格式轉換所產生的延誤時間。

流程可以使組織重新考慮複雜工作流程中處理的方式；反過來說可能會啟用新的外包形式，此將為有興趣幫助推動新範例的企業家提供商機。

12　Geoffrey A. Moore，《公司進化論：偉大的企業如何持續創新》（紐約，NY：投資組合，2008），第 8 頁。

流程對工作及專業知識上的影響

新的外包形式肯定意味著要重新思考公司應保留的職位。哪些技能是核心？哪些背景性的技能涉及處理資料或技術，而這些資料或技術是商業機密，如果將其外包會產生什麼樣的風險？在部分組織中是否有「逆向外包」模式，其大範圍的功能（例如人力資源）已完全外包，但該部門工作流程的特定步驟卻是透過流程整合「內包」給公司的？

這些肯定會對兩件事產生巨大影響。首先，公司重視的工作類型即將發生變化。實際上，業務部門可能會大幅縮減，儘管我懷疑在大多數情況下，節省的勞動力成本都將用於擴展新業務；當然，不僅自動化變得更容易，外包自動化亦是如此。

事實上，我看到的最大影響是流程在我們的經濟生活中持續淘汰文職人員的角色。我將**文職人員**定義為一名員工從某佇列中接收到工作請求，針對該工作執行說明性功能，然後將結果傳遞給下一個佇列。文職人員的工作職能隨著時間的改變，並沒有太多發言權，他們被訓練來執行任務，以及發生異常時該如何處理。

在過去七十五年左右，我們看到文職人員的角色不斷被取代。實際上，正如電影《**關鍵少數**》（描述三位黑人婦女在 1960 年代 NASA 登月計畫成功中的貢獻）所描繪的，「計算」本身曾經是人類的職業。而在科學和金融領域廣泛使用的計算機將是：

* 分配要執行的計算（通常是透過選擇收件箱中的下一個文件夾）。

* 執行解決方案所需的標準數學。

* 透過以下方式將解決方案提交回流程：

  — 將文件夾放入某人的收件箱中

  — 將其放入自己的發件箱中，然後讓其他人將文件夾發送至下一個處理步驟。

隨著電子計算機的出現，需要人類運算的需求迅速消失了。在會計、工程、交通控制及其他方面亦是如此。

時至今日，在需要由具有判斷細微差別之專業人士來做出複雜決定的情況下，文職人員的角色仍然存在。保險、衛生保健、執法單位甚至政府專員皆使用經年累月所積累的教育知識和在職經驗，以有限的資訊或嚴格的標準把關。這些文職人員與過去的計算機和銀行職員之間的區別，在於他們的專業知識必須以其學科領域的條件和期望為發展。

然而，機器學習（ML）和人工智慧（AI）的方法有可能等於或超過人類所取得的成果。ML/AI 的發展及流程的出現將改變這些活動的經濟性，並有可能導致數千名專業人員失去工作。

在您意識到這裡所說的世界末日之前，請讓我更明確的說明：我認為同一組合將建立支援新產品及服務的專家角色。人們有自己任務執行流程的演變，並且必須利用創造力來處理未曾預料的問題和機會的職業，其前景與文職人員不同。由於技術的進步正在淘汰文職人員的工作，未來幾十年將創造出許多新興職業。

話雖如此，重新培訓一個既定知識領域的專業團隊，使其成為新興領域的專家並不是一件容易的事。正如多年來包含 Moore（*https://oreil.ly/wNFIs*）在內的許多人所說，在一個成熟的實行中，提高效率和品質所需的人才類型與在一個新興領域探索需要的技術人才的個性截然不同。

潮流將考驗社會培養終身學習及專業適應的意願和能力；但是也可能會驅動永遠改變學習方式的新模型。

流程與新興企業和機構模型

我們將藉由研究「串流軟體、事件及反應性編程格式」對許多行業工作方式產生的顯著影響來結束對流程業務影響的探討。當資訊流程加速並達到曾經無法想像的規模時，會發生什麼事？會如何永遠改變今天被認為理所當然的普遍機構的性質？

讓我們從教育開始，因我剛剛建議了流程會改變專業發展。在上個世紀，與個人技能和知識有關的資訊流程及存儲處於高分散、低效率。隨著擁有比以往更多的獲取技能方式，以及不斷調整知識和技能之需求（偶爾徹底的重新裝配）的增加，人們技能的數位化通訊方式必須有所改變。

舉個例子，今天您的成績是由某所學校的某科導師對於您在該科課程與課堂活動（如考試）中的表現評分，來測試您對該科目的理解程度。如果您一生中曾於五所不同的學校或校區就讀過，那麼就有五個地方可以獲得您在這些課程當中所完成的情況以及學業成績的正式紀錄。

但是成績單只能說明您幾年前的成就如何，並不能證明您目前擁有的技能。這就是為何雇主不會要求提供高中成績單的原因，除非是剛畢業；也是在獲得特定行業專業經驗的幾年後，大學成績單就不再重要的原因。不是技能無關緊要了，而是那些學習紀錄不能反應出您當前的技能及知識狀態。

站在雇主的角度來看，成績單不僅很快就會過時而且還不包含最新技能的資料。您在前服務的公司中扮演過什麼角色？他們教了什麼技能及其可應用之處，例如聘用或預算技能？您是否花費大量的空閒時間來學習或練習適用於新職位的技能，例如程式語言或設計方法？

現在，假設您訂閱了一項服務，可以追蹤所有您的教育、工作活動與個人學習紀錄，並掌握您的最新技能資料以及完成的作品、正式和非正式測驗（例如認證考試），甚至是專業評估的證明；準雇主、高等教育機構或您允許查看的任何人都可以使用該服務來評估您是否合適。

今天教育界中的多間企業也正研究此概念。「以學習者為中心的成績單」的想法可以被認為是一種「技能的 LinkedIn」，提供各種機構及背景下技能的單一表示形式：中央資料顯示多年來（包括近期）您所學到的一切，並透過多種形式的驗證來證明您已成功學得這些技能。這會是一個非常強大的概念。

然而，要使其發揮功用，就需要有一種方法從所有可能發送此類信號的來源收集相關事件已發生的信號。今天要做到這點是很困難的，因為沒有通用的學習或已完成的工作能數位化表示。迄今為止，大多數嘗試執行此操作的技術都受到諸多插件及轉接器的影響，這些插件及轉接器試涵蓋收集此類資料必須支援的介面和協定範圍；而通常關鍵資料甚至無法以數位方式提供。

流程可以輕鬆改變這點，其互通性意味將完全減少或消除建立自訂的連接器需求[13]。流程的生態系統將圍繞啟用技能資料，代表隨著發現越多價值，資料的使用市場越可能出現。從學習者分散式、不相容的技能表示形式過渡集中；共享的畫面將為學習者、雇主及教育業者提供許多新的解決方案。

但是，如果不對即時資料串流進行低成本的整合，就不太可能獲得最新技能藍圖；而這正是流程所能提供的。

有些其他行業也存在類似的問題，從不同的生產者到個人、地方或事物的通用表示建立資訊流程是破壞性但正面的；衛生保健和醫療紀錄就是一個簡單的例子。我也曾暗示過物流的例子：想像一下，集中表示有效負載的物品和運輸工具，並視其為一個整體，可隨時比較，以便有效地安排目的地和調配貨物。

13　消除客製連接器取決於資料有效負載的標準化，以便任意使用者都可知道正在接收的資料，並且可以在沒有客製化程式碼的情況下解析、傳輸和儲存該資料。

設施規劃、野生動植物管理、交通控制這些行業中的即時（或盡可能即時）追蹤與被管理實體有關的資料將大幅提升有效性。我希望在此案例中，流程會蓬勃發展且會對現有商業及營運模型造成極大的破壞。

流程及規模

關於系統如何演化有一個有趣的解釋：聖菲研究所的理論物理學家 Geoffrey West（*https://oreil.ly/BSISG*）寫了一本開創性的書，為《*規模的規律和祕密：老鼠，小鳥，雞，大象，和我們居住的城市，隱藏規模縮放的規律，掌握其中令人驚訝的祕密，也同時掌握企業和地球的未來*》（企鵝圖書）。這本書描述了複雜系統的演變過程，需透過網路交付所需資源，如城市的運輸系統、動植物的循環系統及公司的工作流程。

這種系統的許多元素相對於整個系統呈非線性擴展的現象稱為**異速擴展**。發生這種情況是因為系統一直試圖藉由網路優化共享資源的傳遞，某些網路元素必須比其他元素增長得更快，才能維持最佳流程。

West 以哺乳動物的血流和新陳代謝為例來說明。隨著哺乳動物平均大小的成長（以身體體積衡量），每個個體的平均細胞數也以相同的速率增加。West 舉了大象和老鼠的例子：大象體型大約是老鼠的一萬倍，擁有的細胞數也幾乎是老鼠的一萬倍。

有趣的是，當查看兩種動物的代謝率時，您可能會認為一萬個細胞需要的能量是維持生命和功能的一萬倍，但事實上新陳代謝速率與體形呈異速關係。大象實際上的新陳代謝速率（也就是維持存活所需的能量）僅為老鼠代謝率的一千倍左右；相對於線性預測而言，這大約是期望值的十分之一。

West 的書詳細介紹了工作原理，但最重要的是，由於物理、進化壓力到人類的結果，所有這類型系統（城市、生物體和公司）都將以非常相似的方式開發其資源網路，優化資源使用和異速擴展。

因此 WWF 應該以類似的方式發展。例如流程網路內的結構將在考慮流程優化的前提下發展，互聯網的侷限性很可能會推動 WWF 的發展，包括激勵關鍵資料集（如人類醫療保健資料）的集中串流，以及要求將細粒度資料串流智能地集中到更高階的流程中，以廣泛分配發展。我們將在第 5 章對此更深入探討，但是異速擴展的概念是為 WWF 如何發展而作出明智猜測的關鍵。

這與商業如何根據流程發展有何關係？一方面，流動中的生態系統可能會圍繞經濟社會中最重要的核心資料串流建立，會有一些擁有高價值的資料串流的贏家和他們建立成功企業的關聯公司；甚至還可能有一群公司集中彼此共享資料，並將存取成本分攤到大規模串流中，例如股票交易或零售庫存資料。

後續步驟

同樣地，我們很難確定流程將如何發展，但線索已指出如何為 WWF 推動經濟發展的未來，以定位您的公司、或希望投資的資本和現代世界中的社交活動。

建立流程的業務案例後，就該將注意力轉移到正常運行所需的內容上了。我們要如何對流暢的架構會如何發展做出聰明的預測以確定自己在演化道路上的所在，並開始訂立今天能做些什麼事來為明天做好準備？為了回答這些問題，我結合兩個強大的建模概念：Wardley Mapping 與承諾理論，這將會在第三章中介紹。

認識流程價值鏈

我們已建立為何需要流暢度的案例，現在來看看流程如何形成。雖然我們在第二章講述了「為什麼」，但要回答「如何做」是一項更複雜的任務，原因有二。首先，儘管此處使用的技術功能強大且可以創建出色的形勢感知能力，但它們始終不是萬無一失的預測指標。有許多可能導致流程的路徑，也可能有未知的參與者引領我們到達目標；我們所能做的就是找出填補理論空白和戰略的機會進而增加競爭優勢。

第二，我們需要一個發展的起點。本書將利用價值鏈和承諾來評估滿足用戶的需求。雖在確定流程的技術時涉及猜測，但好消息是目前市場已經朝著正確的方向迅速發展。我認為這已經是建立了一個很好的基準，且可利用當今的 EDA 市場在第二章中所定義的要求，以及現代戰略分析工具來獲得未來的低分辨率描述。

本章重點要介紹兩種強大的建模技術：Wardley Mapping 與承諾理論，從更高階去理解構成流程價值鏈的要素。

快速復習：流程的高階屬性

在第一章中，我們點出了流暢架構的關鍵屬性，例如：

- 消費者（或其代理商）透過自助服務的介面從生產者請求串流。

- 生產者（或其代理商）選擇接受或拒絕哪些請求。

- 建立連接後，消費者無需主動請求資訊，只要有可用資訊時便會自動發送給他們。

- 生產者（或其代理商）保持傳輸相關資訊的控制，即何時、向誰傳輸哪些資訊。
- 資訊是透過標準的網路協定進行傳輸和接收的，包含將與流程機制特別匹配的待定協定。

此外，在第 31 頁「企業需要從流程中獲得什麼」我們確認了流暢架構的五個要求：安全性、敏捷性、即時性、記憶及管理性，以及對企業和其他機構有用的 WWF。

安全性

生產者（或其代理商）必須保持控制誰可以存取其串流的權利，且資料必須與受保護的使用者共享，因此必須受到保護。

敏捷性

流程必須使消費者和生產者都能在不斷變化的環境中適應和試驗，使系統能快速做出反應。

即時性

資料必須在與應用上下文相關的時間範圍內到達。

記憶

需要時，流程必須滿足重播串流的需求，以便系統內建立長短期記憶。

管理性

生產者和消費者都必須從他們的角度（**可觀察性**）理解系統的行為，並採取措施糾正不良行為（**可操作性**）。

如果要達到這些要求並為目前的技術公司製造機遇，那麼我們將需要一些技巧來克服複雜性以了解工作的力量。如前所述，我將使用兩種非常有效的技術來實現此目的：Wardley Mapping 與承諾理論。

Wardley Mapping 與承諾理論

本書中我們將注意力集中於事件和資料串流如何帶動組織整合方式的變化。流程是現今串流媒體整合中較新的發展階段，因此評估的第一步是了解其建構方塊：知道這些建構方塊為何、他們如何合作及將來如何發展。

為此將介紹兩個用於建模、驗證和討論技術前景的強大工具：Wardley Mapping（用於了解前景）與承諾理論（用於驗證該前景中組合成分的價值鏈）。

Wardley Mapping

有很多方法可以推測技術的發展，但我發現傳達和辯論思想中最強大的技術是 Wardley Mapping。

Wardley Mapping 的核心思想很簡單：

1. 確定範圍和使用者需求。

2. 確立滿足使用者需求所需的組件。

3. 圍繞於完全新穎到可接受商品的主軸上，根據其演變來評估組成部分。

Simon Wardley 在 2005 年提出了 Wardley Mapping 的概念，他在他稱之為「書」（*https://oreil.ly/F0oDI*）的文章中詳細介紹了此技術。其實那是一系列部落格文章，描述了技術如何應運而生以及在戰略規劃中的效用。在此處我僅能提供 Wardley Mapping 的高階論述，若此主題引起您極大的興趣，強烈推薦閱讀 Wardley 的文章。為了快速簡要概述，Wardley 就其相對應技術提供了非常有趣的展示（*https://oreil.ly/gB92I*）。

圖 3-1 是 Wardley Mapping 的一個範例，它包含了茶館所需的技術和資源。使用者為一家茶店（商業）及其客戶（公眾），他們的需求是一杯茶。價值鏈的其餘部分是交付那杯茶所需的組件，這些組件對應到 X 軸代表發展階段；僅作為範例提供，希望它可以幫助您更了解最終目標。

讓我們透過建立我稱之為*流程整合*的地圖來學習 Wardley Mapping 基礎知識，即為跨組織邊界的事件驅動整合，也是流程本身的核心驅動力。過程中我將盡力指出 Wardley Mapping 的關鍵方面，藉此希望能幫助您了解如何使用及了解其技術前景，以及隨著時間的推移將會如何發展。

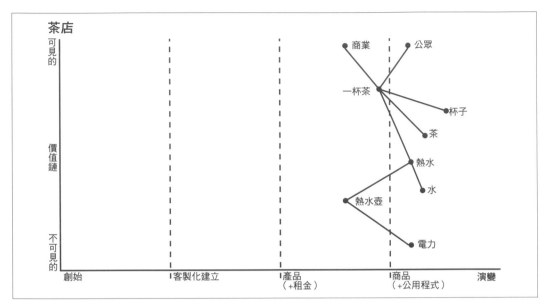

圖 3-1　Wardley Map 範例：一杯茶

在開始製圖工作前，我想介紹另一種強大的建模工具——承諾理論，用來驗證地圖的關鍵方面。別擔心，我們會再回來說明 Wardley Mapping。我將演示這兩種理論如何一起使用來為戰略性討論建立可辯護的模型。

承諾理論

對應的第一步是確認滿足用戶需求所需的組件。為確保組件有意義，我們將描述如何合作來滿足用戶需求。由於對組件內部運作方式都不是太了解（畢竟，我們正嘗試的是確定將來狀態），因此我們必須評估組件之間的關係。可透過定義一組更高階的組件對其依賴項施加的要求來做到這一點，但那並不是這些技術應運而生的。

至少起初新興技術並沒有對其所使用的技術提出要求。想像一下，如果企業家每次出一個新業務時，都必須重構整個互聯網，那就太荒謬了。

反而較新的技術只是利用當時可提供的現有技術及服務。隨著時間流逝，較舊的低階技術可能會適應成熟的高階技術的需求，但技術的構建與城市的做法非常相似：新技術是在舊有基礎架構上建立的。

我提議一種模擬的方法是使用 Mark Burgess 於 2005 年提出的承諾理論。與 Wardley Mapping 一樣，承諾理論的實踐超出我在這篇簡短的介紹中所能描述的範圍，因此我不會評論它的全部效用。如果想了解更多信息，我強烈推薦 Burgess 的書《*Thinking in Promises*》（*https://oreil.ly/sVe-t*）（O'Reilly）。

就我們的目的而言，承諾理論將被證明在確定交付流程整合與驗證組件間的關係這方面非常有用。

什麼是承諾理論

根據 Burgess 的說法，承諾意指聲明意圖，而意圖為「可能行為的主體或類型」[1]。換句話說，承諾是一種進行某種行為的意圖聲明，由代理人提出，代理人是承諾理論中的活躍實體。代理人可以是任何實體：植物、動物、人、公司、機器或甚至是沙發之類的物體。一個代理人向另一個代理人作出的承諾。

Burgess 和 Jan Burgstra 在 2014 年編寫的教科書中定義這些術語，並於 2019 年修訂。該書描述承諾理論的核心宗旨：

- 代理人是自治的，他們只能對自己的行為作出承諾。沒有其他代理人可以向他們承諾。

- 許下承諾涉及傳遞資訊給觀察者，但不一定是在語言交流的顯著意義上傳遞。

- 評估是否履行承諾可由其範圍內的任何代理人獨立進行。

- 對承諾意圖的解釋可由其範圍內的任何代理人獨立進行。

- 假設代理的內部工作方式未知。可從他們作出並遵守的承諾中評估他們的知識。但是，我們可以選擇一個代理商的邊界，在其中隱藏或公開不同級別的資訊，例如，我們可以將汽車視為一原子車輛，或者視為共同工作的集體代理人[2]。

雖然承諾理論中有一個強加概念，但是代理人可以嘗試強迫其他代理人許下承諾（例如命令或威脅），但不能保證其會遵守。就我們的目的而言，強加不很有用，因此通常會忽略。

---

1   Jan Bergstra 與 Mark Burgess，《*Promise Theory*》（Oslo: XtAxis Press, 2014），第 4 頁。

2   Jan Bergstra 與 Mark Burgess，《*Promise Theory*》，第 3 頁。

承諾理論在評估如果不遵守承諾、或意圖不被信任會發生何事時，也能證明它的價值。我們不會在此這麼做。本書中，在評估流程組件之間如何相互依賴時，我們將簡單使用承諾；但是如果對這些應用感興趣的話，強烈建議閱讀 Burgess 的書。

承諾理論符號

如前所述，Burgess 和 Bergstra 基於基本原則建立完整的合作代數，我們不需要所有代數都看，但我想指出該理論所使用的關鍵符號及動作。

首先，圖 3-2 說明了一個承諾。

承諾者 ———主體——→ 受約人

圖 3-2　承諾表示法

符號中使用的術語定義如下：

承諾者

　　立下承諾的代理人。

受約人

　　接受承諾的代理人。

主體

　　質量規範（承諾的類型或主題）和量詞（限制所承諾的可能結果之範圍內容）。

因此，承諾者對一或多個受約人做出承諾（指定於主體中）。請注意，以這種方式標記諾言時，不必每次都指定主體，但其必須存在；承諾背後一定有意圖。

Burgess 明確表示，除非受約人以某種方式做出承諾以利用意圖，否則承諾不會等於行動；換句話說，這相當於以下的交換：

承諾者：「我向**主體**承諾。」

受約人：「我承諾接收或利用**主體**。」

這些承諾的對等性質可以符號 + 和 – 來表示。在主體旁邊用 + 表示來自承諾者的承諾,而用 – 表示受約人的承諾,如圖 3-3 所示。

$$承諾者 \xrightarrow{+主體} 受約人$$
$$\xleftarrow{-主體}$$

圖 3-3 互惠的承諾表示法

在此表示法中,– **主體**表示已收到 + **主體**描述的諾言信號。換句話說,如果我的承諾是**交付**某物,則退貨承諾將是**收到**或**接受**某物;例如,政府如果承諾頒布法律,那麼公民可能承諾遵守法律。

這只是承諾理論中表現力的一小部分,但足以讓我們開始探索如何使用基礎知識,對技術發展方面做出有根據的猜測。

建立流程整合價值鏈

看完 Wardley Mapping 和承諾理論的基本介紹後,我們來深入研究如何製作地圖。本節將從調查範圍開始,定義一組相關的用戶及其需求,然後添加為流程整合建立價值鏈所需的其他組件;接著使用承諾理論來驗證組件之間的關係,亦即在實現流程整合方面,他們相互保證什麼?

建立地圖範圍

製作 Wardley Mapping 時,要做的第一件事是確立地圖的明確**範圍**,範圍聲明對於確保地圖重點清晰是相當重要的。範圍可以從非常詳細的範圍(例如「100 GB 乙太網卡」)到一般的範圍(例如「消費互聯網技術」),重要的是需涵蓋欲探索的用戶(眾)需求。

實際上,有助於提供資訊的地圖範圍通常介於非常普通與非常詳細之間。最佳範圍說明足夠詳細、可進行針對性的對話,但又很全面到可探索新的思想和進化影響力。

在我們的案例中,想探索公司如何即時共享資訊。因此將範圍聲明為:

透過事件驅動的架構在不同組織之間實現幾乎即時的整合。

您也許會反對這裡加上「透過事件驅動的架構」，這樣想很好；因為這就是 Wardley Maps 和類似模型的優點。在第一章和第二章中，說明了什麼是流程以及企業為何需要。因此，我對以此方式縮小範圍感到滿意；如果您不同意，則可以建構不受限於事件驅動架構的地圖。您可能會想出我未見過或想過的不同地圖；而唯一的關鍵問題是地圖是否有用。

我定義的範圍包含實現特定形式整合所需要的一切，但不包括批次處理整合、請求回應 API 整合以及其他非即時和事件驅動的整合形式。事件驅動整合的形式也不在此範圍之內，這些形式通常是不跨組織邊界使用，例如高度延遲敏感的工業操作以及控制系統。

建立使用者及其需求

一旦確認範圍，下一步就是確定用戶及其需求，這對我們而言是很容易的，範圍本質上是用戶需求。因此，將使用「流程整合」作為滿足用戶需求的標籤。

需要流程整合的用戶是誰？可以列出組織的類型（企業、政府機構等），或者談論開發人員和用戶；但是，由於是從流程整合的角度建構地圖的，因此將以**生產者**和**消費者**來描述流程整合中每個用戶遵循的兩個角色。

生產者、消費者和流程整合之間的關係是建立價值鏈的第一部分，如圖 3-4 所示。

圖 3-4　用戶及其需求的價值鏈圖

這裡的承諾非常簡單。為了驗證價值鏈，我留意從鏈的底端向上做出的承諾。我問：「不太可見的組件對可見的組件做出的承諾為何？」，問完後我將獲得一組滿足用戶需求的承諾；我也能很快找到組件之間沒有直接承諾的地方，這代表組件之間應該沒有任何聯繫。

例如，您可能認為生產者向消費者承諾了一系列事件，但許多建構事件驅動系統的人會不同意，生產者和消費者通常不會直接互相影響。流程標準中的「代理人」可能會透過在大量參與方之間扮演事件路由器的角色，而使消費者和生產者完全去耦合。由於生產者無法代表基礎架構作出承諾，因此流程整合基礎架構透過流程整合用戶需求組件向用戶做出承諾。

因此，圖 3-5 顯示了從流程整合到生產者的承諾。

圖 3-5　從流程整合到生產者的承諾

圖 3-6 顯示從流程整合到消費者的承諾。

圖 3-6　從流程整合到消費者的承諾

驗證連接如圖 3-4。

流程整合之組成

建立用戶需求後，下一步是確定滿足該需求的組成條件。您可採用多種方法[3]，為使事情保持簡單，我從一個簡單的事實開始，即不同軟體系統之間基於網路的整合需要兩件事：一個承諾定義、創建和控制串流連接的介面，以及一個承諾定義於兩個實體之間如何與何時攜帶資料，包含格式化和流程控制的協定。

介面

介面可能包括如實體網路介面之類的低階機制，但是我相信串流 API 是真正的流程推動者。軟體使用串流 API，在雙方都可以理解的抽象級別上啟動與其他軟體的連接。流程將需要兩個關鍵介面，使用戶能夠識別可用串流並與其連接，如表 3-1 所示。

表 3-1　流程整合所需的兩個介面

組件	定義
邏輯連接	消費者和生產者用來協商、建立和管理存取串流的介面
發現	用於發現串流來源並描述其屬性，例如資料量、使用的協定等的一或多個介面

3　在設置中進行 Wardley Mapping 時，決定從哪開始通常是極富啟發性的討論。您可能需要評估多個用戶需求，或者爭論哪些主要組件為用戶所需。我常發現最初的討論耗時最久，開始時可能會引起爭論和爭議，但最終建構地圖的人會彼此達成共識。

邏輯連接介面圍繞生產者和消費者（以及若有使用的代理人）建立關於資料打包和交付方式的契約，其允許使用者發送身分驗證資訊訂閱並有效管理，然後不再訂閱時將其關閉。

邏輯連接的對象應是實體連接，稍後我們將在基礎架構組件中詳細描述。實體連接負責連接所涉及的物理計算系統；然而理想情況下，流程使用者和生產者應可不必直接管理實體連接；而是由包含網路軟體和協定在內的基礎架構來處理。

發現介面對於了解哪些事件串流可用於特定生產者或通常來自 WWF 的消耗非常有用，您也可使用此介面來確定串流的質量，例如所需的技術（元資料格式或特定的網路協定）、重要資訊如串流量、有效負載模式或是財務費用。

協定

該**協定**指的是公訂標準，生產者和消費者以此標準交換和解釋串流。我認為值得一提的協定的兩個組成部分是元資料格式和有效負載格式，它們可能是不同的規範，是定義流程的整體協定之關鍵模塊。表 3-2 顯示了每組件的簡短定義。

表 3-2　流程整合所需的兩種協定

組件	定義
元資料格式	用於描述元資料的協定，使流程庫用來了解有效負載格式以進行加密／解密，了解有效負載的來源等。
有效負載資料格式	用於了解生產者發送給消費者的特定有效負載資料的協定。這些格式可能會因使用情況而異，但可以為特定行業或市場中的通用串流定義標準的有效負載格式。

資料格式包括資料串流的組裝和解析方式。**元資料格式**為流程整合連接和事件本身提供上下文資訊；**有效負載資料格式**描述傳輸每種事件類型中唯一資料的格式。換句話說，資料格式表示使生產者和消費者之間通訊所需的各種方案和格式。附錄中有幾個事例包含 Cloud Native Computing Foundation 的 Cloud Events 規範。

圖 3-7 表示具有介面和協定的價值鏈。

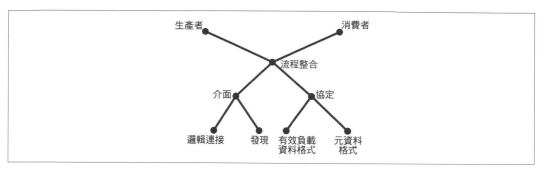

圖 3-7　將流程整合組件添加到價值鏈中

為了驗證這些組件之間是否正確連接，讓我們來建模涉及的承諾。同樣的，我們也正在尋找從低階到高階組件的承諾。從圖 3-8 中介面和協定到流程整合的承諾開始。

圖 3-8　流程整合與其協定和介面組件間的承諾

對於我們的協定來說，它對流程整合的承諾是建立在其低階需求所收到的承諾之上，如圖 3-9 所示。

圖 3-9　協定組件間的承諾

同樣的，介面基於從較低階需求接收到的兩個承諾來做出其承諾，如圖 3-10 所示。

圖 3-10　介面組件間的承諾

請注意,這兩套承諾履行了流程整合對生產者及消費者承諾的關鍵部分。訂閱串流的用戶可接受介面的承諾,找到並創建與串流間的邏輯連接。生產者可以使用該介面來建立邏輯連接並用以發布事件,還可建立目錄作為廣告串流。該協定承諾以一致的方式交付資料和上下文,從而允許生產者與消費者打包並使用事件。

互動成分

到目前為止,我們已專注在實現即時整合的連接,以及使其成為可能的組件機制上。但這裡有個真正的問題——生產者和消費者如何使這些資料對他們自己有價值?生產者如何處理資料以建立事件串流?消費者如何透過消費事件串流來實際實現價值?

這是第一章中所定義的流程交互。如果不必要的組件將事件串流轉化為有用的見解或行動,那流程整合只是平白無故地在刷資料而已。因此,雖然對流程的定義集中在介面和協定上,但倘若沒有此處定義的組件,這些只不過是毫無價值的。

我們其實不必猜測創建、處理和使用串流所需的組件。現代 EDA 世界為我們提供良好的指示,說明在連接的兩端創造價值所涉及的內容。在表 3-3 中,我將這些組件簡化為簡短的通用功能列表。我們將在第 4 章探討當今可發揮不同作用的許多技術,這裡是已確定的組件及每個組件的簡短定義。

表 3-3 一般從事件串流創造價值所需之組件清單

組件	定義
來源	收集資料的設備或軟體組件包括感測器、網鉤等。
處理器	處理傳入資料的軟體。可以終止串流,也可以處理後在新的串流中轉發結果信號。
佇列	一種代表生產者和消費者收集、儲存和轉發串流資料及事件的機制。
接收器	用於顯示或儲存串流,或描述串流處理結果的組件。

來源是收集欲放入串流中資料的任何內容,您的 Fitbit 是運動和(如果有支援)心率資料的來源;安裝在交通號誌上的攝像機是指定路口或路段的影像來源。即使是您最喜歡的技術會議上的簽到應用程式,也都是用於識別身分和建立名牌的個人資料來源。

但是來源不必一定是設備或使用者的應用程式。任何以非串流格式（例如透過 API 呼叫或使用者介面）接收資料並放在串流中的軟體都可以視為來源。一個很好的例子就是現在可使用移動應用程式於許多連鎖餐廳取餐之前先訂購食物，可以收集該資料並根據需要進行匿名化，然後按地理位置對不同成分回報即時需求。

那麼，**處理器**就是接收傳入資料或事件串流的軟體組件，並且根據這些資料採取行動。它們可以在滿足某些條件的情況下，透過 API 呼叫觸發微服務中的操作，便能轉換資料至另一種格式；甚至可以重新格式化資料並轉發到其他串流。因此，處理器可充當消費者或生產者，或兩者皆是。製造系統可能具有監視溫度感測器並發送警報事件到中央過程控制系統的處理器；記帳系統可能具有處理器讀取傳入的費用項目並建立適當的分類帳目串流。

在某些情況下，處理器可能不符合生產者或消費者的嚴格定義。某些處理器可能只是連接中的**輔助工具**[4]，即監視串流狀況並依據狀況採取行動，但不對串流資料本身採取任何措施的軟體組件。例如，網路負載平衡系統可能會監視串流數量，並採取像是將串流劃分到多個目的地的操作。

佇列就像緩衝區，使生產者可以在不直接連接到使用者的情況下傳遞串流，尤其是事件流；佇列能使用戶僅在準備好且願意處理資料時才接收資料。佇列有幾種類型，包括訊息匯流排和基於紀錄的串流平台；其關鍵在於使生產者與串流的使用者（或多個）進一步分離，而實現異步通訊和獨立的操作。

接收器是顯示、儲存或利用串流處理結果或串流本身輸出的組件。它可以是使用者介面，如數據儀表板或操作系統終端窗口。將串流傳遞到關聯資料庫或資料倉儲之類的持久性資料存儲中的應用程式也可作為接收器。組件作為接收器的關鍵要求是「串流停止於此處」。

圖 3-11 展示價值鏈，其中添加了流程交互組件。

---

4 我從 Kubernetes 借用了 *sidecar* 一詞。在 Kubernetes 中，sidecar 被定義為「一個在 Pod 中的公用程式容器，其目的是支援主容器。」在此例中，處理器可以是公用程式函式或服務，其目的是支持主要資料流程。

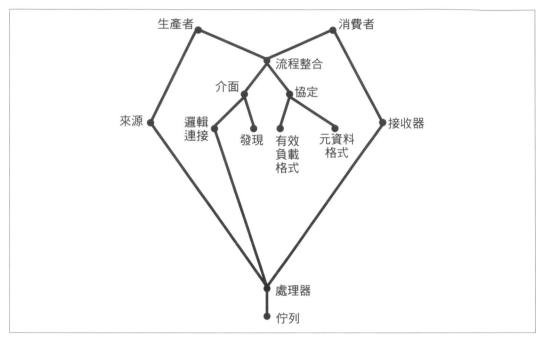

圖 3-11　將交互組件添加到價值鏈

在嘗試確定於組件之間的界限時，套用承諾理論特別有幫助。佇列是否直接向生產者承諾任何事？佇列與處理器之間關係為何？這些組件與前一節中探討的介面和協定組件如何相關？最後，依可見度要如何得出圖 3-11 顯示的組件順序？

讓我們從圖 3-12 分別從來源、接收器和處理器到生產者、消費者及邏輯連接的承諾開始。

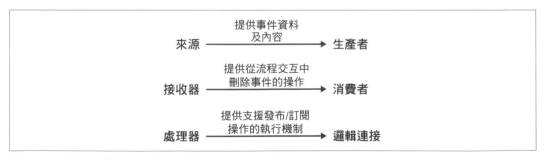

圖 3-12　串流交互性組件與非交互性組件之間的承諾

圖 3-13 表示在串流交互組件之間做出的承諾。

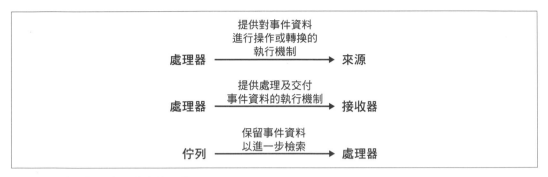

圖 3-13　交互組件之間做出的承諾

探索在此模型中哪些組件不會彼此直接承諾是很有趣的。其中一個很好的例子是，佇列不對來源或接收器做出承諾，為什麼？我認為是來源資料和接收器資料在發布到主題，或從主題接收時，都可能需要經過某種形式的處理；因此佇列只對處理器承諾沒有直接對生產者或消費者，因佇列不能代表提供流程交互所需的處理器來承諾。

同樣地，但也可能更具有爭議的是，該介面僅向處理器承諾一種用於發布和訂閱事件的機制。大多數佇列中的產品都有發布和訂閱介面（例如 NATS、Kafka 和 RabbitMQ），那為什麼不對佇列作出這樣的承諾呢？個人觀點認為這些相同產品提供內建的處理程序來取得排隊的資料，並建立適當的事件協定以進行流程交互，因此始終涉及處理器。但若有讀者不認同我是可以理解的，歡迎您嘗試建立替代的承諾模型。

最後的部分

我們的地圖幾乎要完成了，但我還想添加一個上面列出的許多組件也都需要的元素——**基礎架構**，使其他服務和技術成為可能所需的計算、儲存和網路組件。

基礎架構涵蓋許多不同形式的硬軟體，包括伺服器、存儲設備、網路設備、網路協定、作業系統等，實體連接（邏輯連接的必然結果）也包含在內。基礎架構還包括技術所依賴的非計算事物，例如資料中心基地、電力、電信供應商等；但考慮到範圍，我認為這些細節與對流程整合的評估不是很相關，因此，我們將所有這些東西都合併到一個元素中，如圖 3-14 所示。

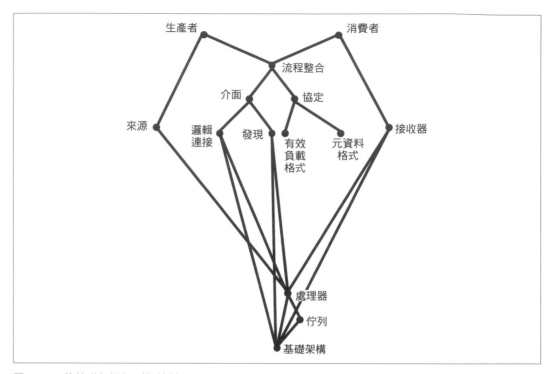

圖 3-14　將基礎架構加到價值鏈

我已經確定了一個承諾，就是對價值鏈中的幾個組件所做出的承諾，即提供能力和商品服務。**容量**是執行各種計算任務所需的時間和資源；**商品服務**是許多流程交互任務所需的共享計算功能如資料存儲、資源編排等。

圖 3-15 顯示了實現此承諾涉及的組件。該承諾不是直接對任何非計算任務的對象（例如介面或協定）做出承諾，而是對諸如處理器和邏輯連接等事務。後者執行前者履行承諾所需的計算。

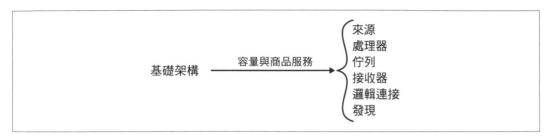

圖 3-15　基礎架構對計算需求的承諾

圖 3-14 是最終的價值鏈模型，讓我們繼續進行下一步對應：確定每個組件的演化狀態。

與價值鏈對應

為流程交互技術的當前狀態建立 Wardley Map 的最後一步，是將我們創建的價值鏈中每個組件的演化進行對應。Wardley 根據演化步驟的連續性定義了進化軸，這些步驟至少在過去的二百年中一直存在於主要技術的發展內。

確立技術演進的衡量標準

當 Wardley 確定需了解技術隨時間變化的方式時，他對過去技術的發展進行了重要研究，使他能夠從事 Everett Rogers 的工作（如 Geoffrey Moore 的經典技術使用指南《跨越鴻溝》（Harper Business Essentials）中所述）。而我將在此總結 2015 年的部落格文章（*https://oreil.ly/_S2aS*），Wardley 向讀者介紹 Rogers 對時間與為滿足關鍵需求而普遍採用的技術之間的關係所做的分析。

Rogers 指出，找到滿足任何共享需求的適合技術通常不是單一技術採用週期的結果，而是在市場尋找「合適的」、可擴展的技術時，若干技術的重疊所採用的曲線。第一個可廣泛採用的解決方案很少（如果有的話）能滿足需求（例如電話或電力）[5]。

5　就電話而言，如果第一個電話系統是傑出的系統，那麼我們都仍在使用固網電話，且我們的電話會在周遭鄰居接聽每個電話時響起。

圖 3-16 使用**活動**一詞表示特定用戶需求的解決方案,展示如下圖。

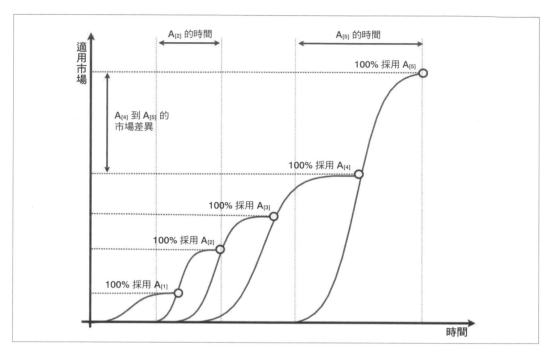

圖 3-16　活動,A[x] 的重疊擴散曲線(由 Simon Wardley 提供)

Wardley 所做的就是用一個代表技術創新狀態取代時間軸,他透過分析有關解決某特定需求的文章和學術論文來確立演變階段。他發現到此類出版物通常分四個階段來表示技術發展。

Wardley 描述如下:

創世紀

這代表獨特、罕見、不確定、不斷變化和新發現的。所描述的解決方案令人對技術有如此影響力感到驚訝,幾乎就像魔術一樣。

客製建構

這代表不尋常的現象且我們仍在學習中。針對特定環境單獨量身定制的,但經常變化。它是一種工匠技能。您不會期望看到兩個相同的解決方案。解決方案是根據建構及構造自己實例的方式來描述。

產品（包含租金）

代表越來越普遍，透過重複性的流程，定義越明確，人們越能理解。在這裡的變化速度放慢了；儘管存在差異化，特別是早期階段，但穩定性和相同性也不斷提高。您會經常看到許多相同的產品。現在重點轉向精煉、操作和維護產品。

商品（包含公用程式）

這代表生產的規模和數量、高度標準化的操作。定義的、固定的、無差別的、適用於特定目的，以及不斷地重複。這階段的重點是無情地消除偏差、工業化，以及提高運營效率。解決方案變成眾人期待、如此普遍，以至於人們常常忘記它的存在。

圖 3-17 顯示如何將特定需求的普適性曲線組合成一條曲線，不與時間對應，而是對應到可用解決方案的確定性。

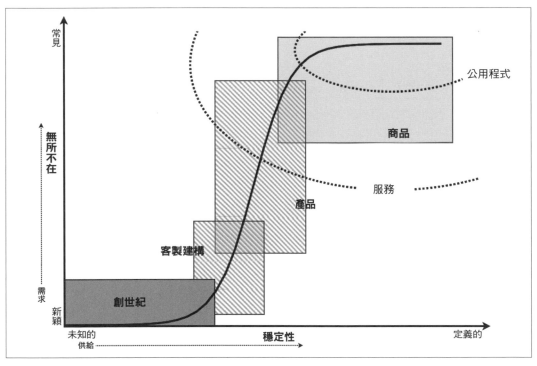

圖 3-17　標準技術擴散曲線（由 Simon Wardley 提供）

將這四個階段對應到新的 X 軸是 Wardley Mapping 核心的出色見解。當滿足了普通用戶的需求時，構建解決方案所涉及的組件即為問題的解決方案，再將這些其中的每個組件對應到比例尺的位置上；但是每個組件本身也在該比例上從左向右移動。

透過將價值鏈對應到演化規模，便可對現在及未來的抽象水平技術發展進行深入了解。讓我們透過將價值鏈對應到 Wardley 的演進規模，繼續進行分析流程。

地圖是什麼？

正如 Wardley 指出的，地圖是具有空間意義的人工製品。如果採用平均系統圖（如圖 3-18）並按照指示移動節點，是否會改變圖的含義？

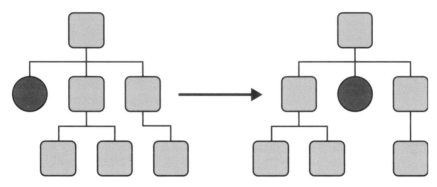

圖 3-18　典型的系統「地圖」

顯然在此圖中，深色圓圈的移動不會更改所表達的資訊，因其沒有相對應的空間位置感。現在來看圖 3-19 中的英國地圖。

地圖的意義是否發生改變？那是肯定的。倫敦的位置在這種地圖形式中非常重要，因為地圖具有將它們與其他形式的圖表區分開來的三個主要特徵：

- 地圖上的**錨點**表示地圖上的位置和移動的固定方向指標。在這樣情形下就如指南針所示，是真正的北方。

- 他們顯示出**有意義**的位置，如倫敦相對於英國海岸線的繪製圖。

- 最後是**移動一致性**。如果看一下圖 3-19 左側的地圖，我預期的是當離開倫敦往西北前進時，最終會到達愛爾蘭；但倘若最終是去到法國，就會懷疑我是否看錯地圖，或是地圖本身錯了。

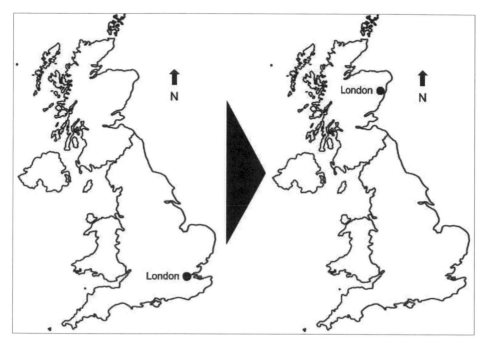

圖 3-19　在英國地圖中移動倫敦的位置

在 Wardley Map 中，使用者需要的是錨點，即每個組件相對於演化軸的位置都是有意義的，且為創世紀到客製、產品再到公用程式的演化力提供了一致的移動性。

將價值鏈轉換到地圖

我想將對應價值鏈的過程分為我們最初用於確定價值鏈的相同類別：使用者及其需求、流程整合組件、交互組件和基礎架構。這將能階段性構建地圖，並使人更容易理解每個放置的上下文。

公平地說，涉及放置這些組件時，存在一個「雞生蛋，蛋生雞」的問題，因我尚未介紹到試圖實現每個組件承諾的技術（這也是我撰寫第四章和附錄的原因）。但是仍可使用廣泛的「真相」來提出關於放置的論點，因此我將從這開始，希望透過對當前技術的調查來加強主張的理由。

使用者及其需求

有時也可以將使用者需求放置在演化軸的任何一點上，但是最好考慮一下它的位置是否傳遞任何有價值的資訊。例如，在圖 3-20 中我將「流程整合」放在「客製建構」和「產品（＋租金）」的邊界上。現今許多串流媒體的整合都是定制的，但仍有許多串流媒體產品實例。Twitter 就是一個例子，因為它提供了即時的推文串流作為一種產品；Salesforce 具有用於其平台上變更串流資料的 API（*https：// oreil.ly/IFm2t*）。

在大多數的情況下，我們將使用者置於漸進規模的位置，實際上並不那麼重要；因為地圖的含義不會根據使用者放置的位置而發生太大變化；但是也有例外。在某些情況下，例如當「使用者」本身是軟體系統時，可能會發現它適合軸上的某特定位置；如在圖 3-20 中，我只是選擇將它們放在使用者需要的任一側。

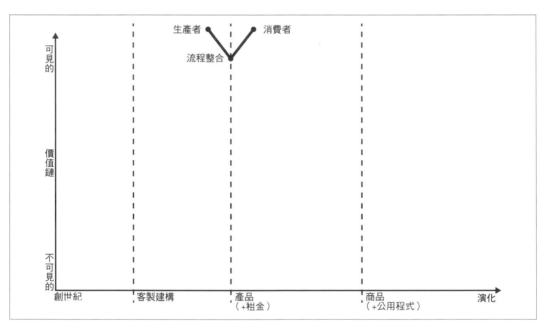

圖 3-20　流程使用者及其需求

流程整合組件

由於流程整合在很大程度上由介面和協定來定義，因此價值鏈中的整合和協定組件，每個都有組成整體的子組件。先評估子組件，以確定每個父組件應放的位置。

當涉及用於流程整合的介面時，現今沒有通用的規範，卻存在如 HTTP、WebSocket 和 MQTT 之類的標準來建立及維護開放連接串流，因此實體連接機制大部分屬於商品。那麼，這對於消費者和生產者之間建立事件交換邏輯介面意味著什麼？

事實證明，有許多 API 可以直接在各方之間或透過中間代理人進行發布及訂閱關係。兩種流行的訊息傳遞協定 MQTT 與 AMQP 都可達到此目的；Kafka Connect API 和 RabbitMQ API 亦是如此。但問題是這些都並非標準商品，因此個人認為邏輯連接處於產品階段，但流程的轉移主要取決於邏輯連接進入商品階段，我們將於第六章討論。

另一方面，除了作為專有產品的組件外，發現 API 基本上不存在（請參閱第四章）。我不知道哪些被廣泛採用的產品或服務具有發現 API；因此，我認為發現在很大程度上仍屬於創世紀階段，雖然它的重要性漸漸被重視。隨著越來越多開發人員開始解決發現問題，我相信通用的發現 API 會迅速發展 [6]。

很明顯的，透過對應組件為組織之間的事件驅動整合建構介面，在很大程度上是一項客製操作。僅有少數產品和服務希望銜接此差距，且大多數產品和服務尚未得到廣泛使用。

關於協定，首先必須查看元資料和有效負載格式。元資料格式仍然是高度客製的，雖然其可能正在透過 Apache Kafka，AWS 和其他公司為各自技術定義的格式進入產品的階段，正在進行標準化工作如 CNCF CloudEvents；但也只是剛開始出現在產品和服務中，還未普及。

有效負載格式就更不成熟了。儘管有些行業正使用一些資料格式進行批次處理和 API 驅動的用例，但幾乎沒有證據表明這些格式正用於事件驅動的應用。當然，目前沒有任何貿易組織或標準機構聲明我能找到特定行業使用所需的有效負載格式，因此，我將其歸類於客製階段，這意味著協定組件本身顯然處於客製階段，因為它的兩個組件都需要進行定制工作。

圖 3-21 強調了連接組件及其之間的連結，因為我認為他們是構成流程機制的核心。

6　一個有趣的替代方法是使用 Google 搜索描述串流的網頁，其中包含連接到該串流的指令，作為發現機制。實際上，這很有可能就是成功的發現介面。然而這意味著發現屬於創世紀階段，儘管整個技術機制已經是一種商品，但就人們在網頁上找到預期中的資訊而言，發現介面仍處於起源階段。

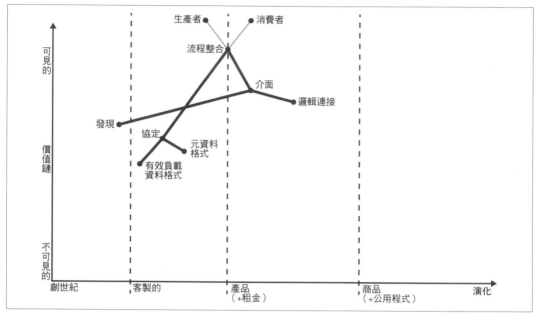

圖 3-21　將介面加入協定

交互組件

我們的交互組件（來源、處理器、佇列和接收器）是範圍內最成熟的技術。訊息處理、基於紀錄的佇列、回應式應用程式、功能等各個方面已經投放市場多年甚至數十年之久；但是，我認為並不是所有事物都是商品…。

交互組件的核心是流程及佇列組件，這些是與事件直接大部分交互的軟體組件。如今幾乎所有類別的可行解決方案至少都可作為產品使用（儘管其中許多都是基於流行的開源產品）。許多服務實際上已經可以作為公共雲端上的實用程序服務使用，我知道這是龐大的分類組件，但是我對兩者都置於商品（+ 公用程式）階段充滿信心。

我認為來源和接收器的放置更具挑戰性，如果您正在談論的是資料存儲或圖形視覺化工具，那麼接收器無疑是相當普遍的。由於所有公共雲端都有許多終止事件活動的選項，因此有理由相信組件也應該放在商品（+ 公用程式）中。

然而，事件的來源（尤其是那些以類似流程的方式建立起來的事件）則要不同得多。如今新形式的設備和資料收集工具開始產生可消費的資料，如自動駕駛汽車和新醫療設備。但同時也有越來越多的商品來源，如州和聯邦政府的公共資料來源。

另一方面，事件並不是新事物，因此事件在主要軟體產品和服務中越來越普遍。這不是標準的、與流程相容的事件，但仍為事件。對我來說，這表示來源目前主要處於產品（＋租金）階段；同樣的，完整的貨源範圍可能涵蓋從創世紀到商品（＋公用程式）的範圍，但目前貨源市場主要是產品市場。

圖 3-22 將交互組件添加到地圖中。

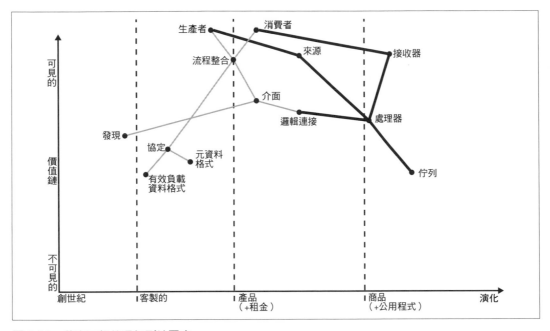

圖 3-22 　將交互組件添加到地圖中

基礎架構

儘管仍然有少數公司為其事件驅動的應用程式購買專用的伺服器、交換機、路由器、磁碟陣列等，但絕大多數流程皆在雲端中運行；原因有很多，其中一些是傳統的雲端參數，例如規模經濟、即時存取和看似無限的供應。但是，我認為雲端佔據主導地位的主因之一是它提供的新軟體開發模型。

傳統的客製軟體模型要求開發人員和營運商協調,為每個應用程序建立和操作客製的伺服器設置。為帶來生產價值,必須克服大量的摩擦(配置工作、策略協調等)。有了雲端運算的協助,開發人員對客製選項的依賴越來越少,從而大幅減少創建、部署和操作應用程式的工作。如 AWS Lambda 與其他 FaaS 產品,雲端中的每一項創新都可以使開發人員以更少的工作量和更少的摩擦來提高敏捷性及規模。

因此,將基礎架構分解為各個組件並沒有太大的意義,因為其性質(無論是虛擬伺服器、容器編排或功能服務)都不會對需求產生重大影響的流程。圖 3-23 中,在商品(+ 公用程式)階段為基礎架構放置了一個組件。

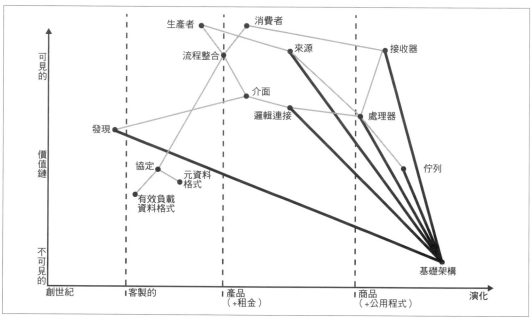

圖 3-23 增加基礎架構組件

最終模型及後續步驟

圖 3-24 移除了圖 3-23 中的強調特點，但是以對應關係來表示流程整合需求的當前狀態。我們的下一步是探索滿足當今需求的技術、產品和服務。第四章會對事件驅動系統使用的體系架構和平台進行調查，並探討這些技術為流程願景服務的方式。

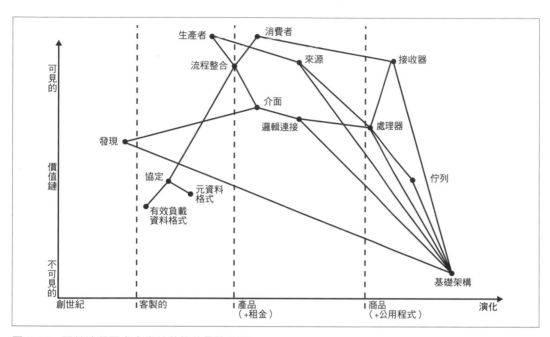

圖 3-24　關於流程需求之當前狀態的最終地圖

第五章會回到 Wardley Map，說明流程將如何從現在的狀態出現。我們將使用 Wardley 訂定的技術建立對當前流程景觀和氣候的認識。可以肯定的是，第五章會有諸多推測，但都是基於我們從目前這張地圖以及第四章提及的技術中學到的知識。

評估當前的串流市場

在前面的章節中說明了什麼是流程，為什麼會激勵企業採用流程，並使用兩種建模技術（即 Wardley Mapping 和承諾理論）來了解流程的核心技術之成分。本章我們將研究可以滿足這些需求的許多特定技術來評估這些組件的當前狀態。

首先，我們簡要地回顧關於驅動流程架構增長的工作負載，了解事情發展的背景及方式，這對於理解它們的工作方式非常重要。在描述這些體系架構時，將所涉及的架構組件對應到 Wardley Map 中定義的組件，來展示流程中出現的常見架構。

但是我不會深入分析這些架構。如果您有興趣更深入了解串流傳輸架構，建議您參考下列書籍：Tyler Akidau、Slava Chernyak 和 Reuven Lax 的《*Streaming Systems：The What, Where, When, and How of Large-Scale Data Processing*》（*https://oreil.ly/IMPEk*）；Fabian Hueske 和 Vasiliki Kalavri 的《*Stream Processing with Apache Flink*》（*https://oreil.ly/4LoRC*）或 Gerard Maas 和 Francois Garillot 的使用 Apache Spark 的《*Stream Processing with Apache Spark*》（*https://oreil.ly/Pyq4h*）（皆由 O'Reilly 出版）。每本都展示了使用適當的開源平台進行串流處理的不同方法。〉

在簡短的調查之後，我們將簡單描述四種架構模式，其利用這些技術來支援許多使用流程的案例，這些模式（分配器、收集器、信號處理器和輔助器）在我們舉例的公司中得到良好的表現，並將在第五章中用來探討流程是如何演變，以及現在您可以做什麼準備。

本章的目的不是針對所有串流技術方面的供應商和開源項目進行完整調查，這是不可能的，因為有技術類別的供應商太多了，況且紙本書無法即時隨著迅速變化的市場更新內容。

相反地，希望您能對本章的現狀有良好的了解，並充分完成流程的工作量。由於過去幾十年來許多技術人員的辛勤工作，可見流程的未來；但目前，如我們將看到的，我們仍處於下一個十年的發展階段。

我們評估串流技術的第一步是了解驅動其發展和演變的關鍵技術，藉由了解開發人員如何透過事件或原始資料串流來建構和修改依賴於即時或「及時」狀態更新的系統，我們了解這必須依靠的不同構件。

我選擇了三個高階技術類別，它們利用 Wardley Map 中所介紹的組件，我將概述每個類別通用的支援體系結構，並將架構下的每個組件對應到 Wardley Map 上，我還會使用到這些組件的幾個範例，包括專有產品、開放源代碼選項，以及在描述每種體系架構時偶爾使用的客製軟體範例。

服務匯流排與訊息佇列

最早的即時資料共享的嘗試只允許對一個文件或資料庫共享存取。藉此種共享資料方式，多個應用程式能夠看到相同的狀態，而任何改變該狀態的應用程式都會立即改變隨後所有讀取相同資料的應用程式之狀態。

如果您不需要超越資料存儲方法的限制，那資料整合仍是非常強大的即時資料交換方法，實際上，它確保了人們對世界狀況的共同看法，但正如大多數企業在過去的四、五十年間發現，如果計算需求超出此規模限制，或者資料環境經常變化，則存在很大弊端。

例如，假設有一家公司要收購另一家公司，並希望結合兩家 IT 產品，如果兩個現有應用程式具有各自的現有資料庫且需要共享相同狀態（如客戶資料數據），那麼會非常耗成本。合併資料庫涉及重寫（和「重接線」，如打開新的網路埠口）現有應用程式，或插入新技術以在兩個應用程式的資料庫之間同步（實質上是在兩個應用程式之間建立資料串流）。

訊息佇列

因此，一種新系統間的通訊形式與資料庫同時發展了起來，稱之為**訊息導向**的中介軟體（MOM）。這些產品佔據作業系統和某些應用程式內部處理通訊方式的一部份，特別是正在運行的程序間通訊。在此情況下，該軟體將使用**訊息佇列**來開啟異步通訊，其中生產者將資料打包到訊息中，然後將其放置在臨時儲存區（佇列中的**主題**）中，直到消費者準備好讀取訊息為止。

早期的 MOM 主要集中於將訊息發送者（生產者）與訊息接收者（消費者）間的去耦合上，並使用各種確認協定提供各種交付保證。這些協定通常由在訊息佇列軟體與訊息生產者或消費者之間交換的一系列信號組成。有多種類型的訊息傳遞保證；像是「準確交付一次」、「至少交付一次」和「最多交付一次」，而佇列管理在生產者和消費者之間的保證。

訊息佇列在今天仍然非常流行，部分原因是因此架構允許系統中分散和獨立的組件，獨立於組件間的整合進行演化和更改。透過使生產者和消費者間去耦合，只需將新消費者和新生產者指向正確的佇列並讀取或寫入訊息，便可以將它們添加到系統中；現有的生產者和消費者也可以獨立更新，除非是更改整合中使用的介面和協定。

這些**發布和訂閱機制**（以下簡寫為「發布 / 訂閱」）成功地將生產者與消費者分離，並將訊息精確的路由到請求的消費者方，這就是為何「發布 / 訂閱」仍然是當今訊息傳遞系統之關鍵功能的原因。

通常，一個簡單的佇列用例架構可能如圖 4-1 所示。

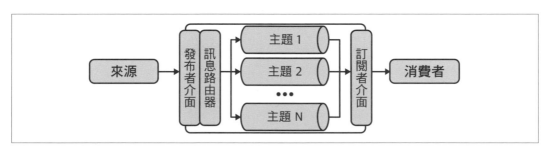

圖 4-1　訊息佇列的概念架構

在圖 4-1 中，生產者將訊息發布到發布者介面，其包含一些邏輯系統傳遞訊息到適當的主題（此邏輯就像從訊息本身讀出預定的主題名稱一樣簡單）。另外，消費者使用訂閱者介面從想要的主題中請求訊息，有些系統僅允許消費者輪詢新訊息，而其他系統則在將訊息添加到主題時傳輸給消費者。

服務匯流排

在 1990 年代，一種稱為**服務導向架構**（SOA）的新分散式系統架構引起企業的關注。SOA 的背後理念是透過在資料中心內計算機上運行的軟體，將核心、共享功能和資料交付給使用者的應用程式（當時大部分的應用程式都是在個人計算機上運行）。資料中心維護的軟體組件稱為**服務**，通常提供請求 / 回應 API 或其他基於網路的連接方法，使應用程式透過這些方法請求所提供的功能或資料。

雖然將應用程式直接連接到服務是允許的,但是擁有大量服務的企業很快就發現,管理軟體組件之間的各種連接非常複雜且容易出錯。部分原因是有些問題可能需要以此種方式連接在一起的各種產品和客製的軟體,其中許多都具有自己的介面和協定來顯示其功能,且通常兩個組件的簡單整合需要在生產者的出站協定和消費者的入站協定間進行轉換,這可能更加複雜且須經常更改。

解決方案是在應用程式和服務之間(通常是在應用程式之間或服務之間)導入訊息佇列。在這裡佇列充當**匯流排**,用於與其連接的所有應用程式和服務的通用通訊介面。該匯流排具有一種插入專用軟體(稱為**轉接器**)的方法,該軟體可使每個整合應用程式或服務都以可理解的格式發送或接收資料。

轉接器和**企業服務匯流排**(ESB)的服務匯流排,也可能支持企業整合的其他關鍵要素,例如各種安全協定、監視技術,甚至流程自動化技術。ESB 的多對多體系架構如圖4-2 所示。

對於 1990 年代的企業架構師來說,這是一個非常理想的架構,因其為組件連接建立控制點。例如,某些 ESB 產品僅使 IT 架構師能夠決定哪些應用程式將連接到哪些服務;其他方面則使資料轉換和路由功能在匯流排中執行,而與連接的生產者或使用者無關。

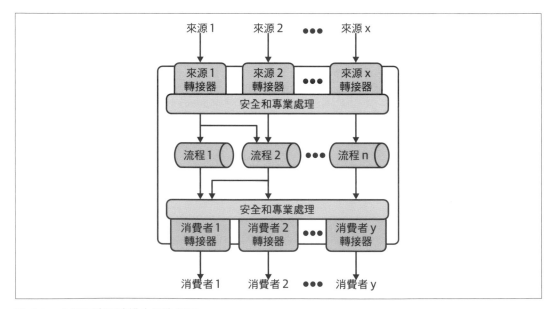

圖 4-2　企業服務匯流排之概念架構

訊息佇列和 ESB 對於串流架構的開發很重要，但是在規模和性能方面通常存在技術限制。ESB 概念的高度集中性非常適合可控制的連接數量和變化率之系統，然而當系統複雜度增加到可管理的限制之外時，它很快就成為一個挑戰。

若把整個企業所有通訊控制的想法集中起來，太過複雜且受到技術限制，因此 ESB 通常集中使用在企業內特定的應用程式和服務上。但是，將生產者和消費者去耦合的核心概念深深影響了自那時起流行的串流傳輸架構。

服務匯流排與訊息佇列的對應

表 4-1 列出 ESB 和訊息佇列架構的組件與第 3 章 Wardley Map 組件之間的關係。

表 4-1　服務匯流排和訊息佇列的 Wardley 組件等效項

架構組件	Wardley Map 組件
訊息佇列	佇列
ESB	處理器（用於高階功能，如安全性或流程自動化） 佇列（用於路由和儲存轉發功能）

訊息佇列很顯然地對應到我們地圖上的佇列組件，因它們本身就是佇列。ESB 做得更多，既充當佇列又作為資料轉換、路由、流程管理等的平台，因此適合處理器和佇列組件。

物聯網

第一批真正用事件定義資料流程的技術類別是製造業、能源生產及其他工業應用中的控制和自動化系統。這些系統嚴重依賴於從電子感測器接收到的資料，並且常常必須在不到一秒鐘的時間內對其做出反應。

最初，這些類型的系統是透過感測器、控制器和可由這些控制器操縱的設備（例如伺服電機、電子撥盤及開關）之間的直接導線連接實現的，但標準網路技術（如乙太網路和Wi-Fi）的興起導致它們在工業系統中的適應性。

如今，從設備到控制器、到流程管理器，再到分析系統的無數產品都可以使用 TCP／IP進行通訊，通常是透過網路跨越地理和組織邊界。1990 年代後期，隨著網路的整合發展，人們創造了一個術語來描述非人類通過連網提供資料給計算機系統的現象：物聯網（IoT）。

對於許多物聯網應用而言，Web 流量的基本協定（TCP / IP、HTTP 和 TLS）足以在系統之間傳輸資料和命令。但是對於時間緊迫的應用、能源消耗是關鍵因素的設備，或可容忍資料丟失的情況來說，協定效率仍舊太低，因此在傳輸層及應用程式層引入大量的新協定來解決上述問題。

表 4-2 中的例子若您感興趣，可以在網路上輕鬆獲得資訊。在此提供它們，僅為了展示不同使用情況有不同的選擇。

表 4-2 物聯網協定的例子

目的	協定例子
傳輸和網路層協定	IPv6、UDP、TCP、QUIC、DTLS（用於資料報協定的 TSL）、Aeron、uIP
低功耗 /「耗損」網路協定	6LoWPAN、ROLL/RPL
發現協定	mDNS、Physical Web、HyperCat、Universal Plug-n-Play（UPnP）
訊息協定	MQTT、AQMP、CoAP、SMCP、STOMP、XMPP、DDS、Reactive Streams、HTTP、WebSocket
無線協定	2G/3G、Bluetooth/BLE、802.15.4、LTE、SigFox、Weightless、Wi-Fi、Zigbee、ZWave

如今，對於許多應用（低功率近距離通訊），許多標準之間存在激烈的競爭；而對於其他用途如遠距離的網路，已採用的標準尚未滿足不斷發展的需求，因此可能會出現新標準。

從表 4-2 中可以看到，物聯網通訊的世界已經破裂甚至還很混亂。但幸運的是，隨著標準的出現，這類情況開始改變。儘管 Wi-Fi、藍牙和其他常見的傳輸層協定對於建立與物聯網解決方案的連接至關重要，但它們並不是物聯網獨有的。Zigbee 和 ZWave 之類的組件在為設備對設備，和設備對 Web 應用程式建立公共通訊層方面發揮了巨大作用，且通常僅在特定情況下使用。

MQTT

有一種協定不僅幫助實現物聯網空間中的整合，還為許多物聯網應用程式建立了基於訊息的架構。訊息佇列遙測傳輸或作 MQTT（*https://mqtt.org*），被專門設計為一個少量的發布與訂閱訊息協定，使任何有處理器的東西都能作為資料發布者，供其他有處理器的東西使用。

MQTT 是一個發布和訂閱協定。在 MQTT 的術語中，**客戶**既可以是生產者也可以是消費者，而**代理人**是管理生產者（作為發布者）和消費者（作為訂閱者）之間訊息路由的軟體。基本操作如下所示：

1. 客戶端（充當發布者和 / 或訂閱者）請求與代理人的連接；該連接被分配一個連接 ID 由客戶端和代理人監視。

2. 經紀人管理主題列表，使之能識別對訊息整合感興趣的訂戶；所有訊息都將包含其相關主題名稱。

3. 作為訂閱者的客戶請求訂閱一或多個主題。

4. 作為發布者的客戶將包含相關主題名稱的訊息發送給代理人。

5. 代理人再使用主題名稱將訊息路由至適當的客戶端。

MQTT 伺服器不一定是佇列——它可以簡單地將訊息直接路由給訂閱者，而不用儲存在伺服器上。但是為了支援異步通訊，大多數 MQTT 伺服器都有佇列功能。

MQTT 中的每個命令都需要確認，且每個建立訂閱的連接都有相反的命令來關閉各自的實體。

MQTT 的基本架構類似於圖 4-3。

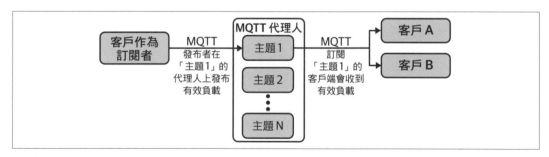

圖 4-3　高階 MQTT 架構

圖 4-3 展示了一個作為發布者的客戶端向 MQTT 代理伺服器發送標記為「主題 1」的訊息，代理人再將該訊息導向至所有已訂閱「主題 1」的客戶端。

圖 4-4 是使用 MQTT 更複雜的範例,為化學實驗室中的監控系統。該系統中,與實驗室代理人連接的是具有 MQTT 功能的感測器,以及類比轉數位的轉換器。該轉換器讀取所連接設備所發送的電壓電平,並以發布者的身分產生 MQTT 訊息,將相應的資料作為有效負載。

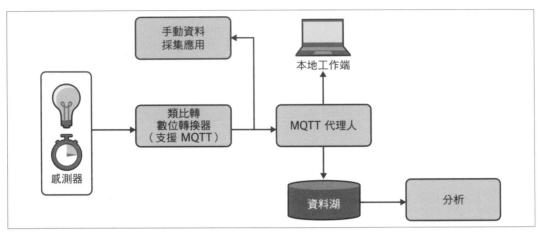

圖 4-4　MQTT 於實驗室環境中使用的範例

在圖 4-3 和圖 4-4 中,現代的「MQTT 代理人」實際上是任何可以利用 MQTT 協定發布和訂閱訊息的傳遞環境。市場上有諸多這類產品如 HiveMQ,Solace PubSub+ 和歸納自動化平台 Ignition(*https://oreil.ly/qBcWt*),還有許多建構 MQTT 代理人的開源專案,包含 Eclipse Foundation 的 Mosquito 專案(*https://mosquitto.org*),以及商業開源專案如 EMQ(*https://www.emqx.io*)和 VerneMQ(*https://vernemq.com*)。

當今的主要雲端供應商在物聯網產品中包括了 MQTT 代理人。Amazon Web Services 的 IoT Core(*https://oreil.ly/Hveyh*)服務是 MQTT 代理,使設備可發布和訂閱主題,同時還提供與其他 AWS 服務連接進行其他形式的通訊和處理。Microsoft Azure IoT(*https://oreil.ly/7wcQh*)和 Google Cloud IoT Core(*https://oreil.ly/ KDZ5H*)也有支援。

還有許多通用的訊息代理人可使用插件或擴充來管理 MQTT 訊息。我們將在第 78 頁的「事件處理」中討論 Apache Kafka 事件處理器,其具有可充當 MQTT 代理人的客戶端連接器,使 Kafka 既可作為提供代理人訊息的生產者,也可作為從代理人接收訊息的消費者(或兩者)。

無數的訊息佇列執行類似的操作——充當客戶端而不是代理人。其他如 RabbitMQ 和 IBM MQ 的插件，使它們能夠以 MQTT 發布者和訂閱者的代理人出現。在第 186 頁的「佇列／紀錄」中我將更多討論佇列內容；但是，對於無線及有線網路上的通訊設備，MQTT 建立了一個用於跨組織邊界共享物聯網事件的強大生態系統。

HTTP 與 WebSocket

我要介紹最後兩個重要的物聯網協定：超文本傳輸協定（HTTP）和 WebSocket，實際上它們在物聯網開發人員中的採用率比 MQTT 高[1]。HTTP 本質上是一種請求和回覆協定（而不是像 MQTT 那樣的發布和訂閱協定），因此其設計為不支援連接方之間的雙向對話；但它具有 HTTP／2（現今大多數客戶端如 Web 瀏覽器及伺服器使用的 HTTP 版本）中的某些功能，可作為串流解決方案。

另一方面，WebSocket 是一種通訊協定，旨在允許透過 TCP 連接進行雙向對話。它與 HTTP 不同，但被設計為與 HTTP 無縫協作。今天，許多人將 WebSocket 用於分散式系統的核心連接協定，此系統必須來回發送資訊才能完成任務。

HTTP 和 WebSocket 中的交換資訊比 MQTT 更加「點對點」。兩種協定都沒有發布和訂閱的語義，也沒有用於連接和接收特定資料的「主題」概念。使用者只需透過標準的 HTTP（或 WebSocket）向生產者發出請求訊息，伺服器將打開並在不確定的時間內維持連接。在使用 HTTP 下將優化連接使生產者串流至消費者；另一方面，WebSocket 將容易支援雙向串流。

因此，基於 HTTP 和 WebSocket 的基本事件連接如圖 4-5 所示。

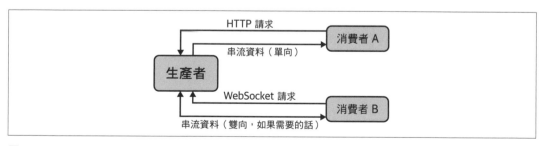

圖 4-5　HTTP 和 WebSocket 連接

---

[1]　根據 2019 年 Eclipse IoT 開發人員調查（*https://oreil.ly/5fOLS*），49％的受訪者使用 HTTP，而 42％的受訪者使用 MQTT。

HTTP / 3 旨在接替 HTTP / 2 成為一個無處不在的網路協定,我在撰寫本文時,它正處於開發階段。它利用稱為 QUIC 的 TCP 協定之潛在替代方案(奇怪的是 QUIC 並不代表任何東西),以在許多連接上同時提供串流。這將顯著提高 HTTP 串流傳輸的效能,尤其是在連接上遇到網路問題並丟失數據封包的時候。

網際網路工程任務組(IETF)目前正在編寫 HTTP / 3 規範,已有一段時間了,有些瀏覽器及 Web 伺服器早已宣布支援。

對應物聯網架構

這些架構的核心組件對映到我們的 Wardley Map,如表 4-3 所示。

表 4-3　服務匯流排與訊息佇列的 Wardley 組件對應

架構組件	Wardley Map 組件
MQTT	協定
MQTT 代理人	佇列(可以是訊息佇列或 ESB)
HTTP	協定
WebSocket	協定

事件處理

我要總結的最後一種架構,是引用專門工具來處理事件串流流量的體系。訊息系統和網路協定在將事件分散到要處理的地方中發揮作用,但它們原本不是為了要成為發生其他交互形式的地方。

如第一章所說:沒有交互的流程僅是在移動資料而已。來自應用程式的交互只是準備要提交到串流中的事件,或者只是使用串流中的事件,這對於流程來說是非常重要的;但是這兩種交互都不能提高事件在整個應用系統中的影響,無法使流程繼續下去。

當今可以有許多工具能處理「流程中」的事件,這意味著從串流讀取事件、對其採取行動,再將(可能修改的)事件轉發到新目的地。這些工具有使他們快速回應輸入事件的功能,許多伺服器還可以接收多個輸入串流,並從該組資料建立匯總事件或觸發事件。

將處理程序添加至流程的最基本觀念如圖 4-6 所示。

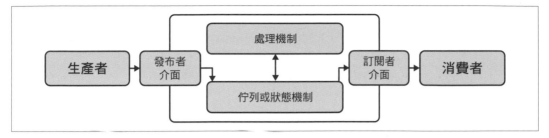

圖 4-6　事件處理系統之高階架構

事件處理的關鍵概念是對傳入事件管理其狀態或資料,以及用於處理狀態或資料的機制。狀態管理通常是某種佇列機制,但是某些平台會使用替代方法來維護狀態。

當今市場上,用於事件處理的三個主要引擎是:功能(包括低程式碼或無程式碼處理器)、基於紀錄的事件串流平台,以及即時狀態系統。我們從架構的角度簡要討論這三者。

功能、低程式碼及無程式碼之處理器

過去十年中,分散式系統開發的最大進步之一,是大幅簡化附加簡單功能到事件串流過程的新服務。這些功能可用於許多任務,包含(但不限於)排序、過濾、路由、計算和匯總。某些功能甚至可以與用戶介面直接交互來顯示或控制。

雖然數十年前就已常見可透過編寫程式碼,使其在佇列中每當收到訊息或事件時就會觸發,但現在有可用的新低風險方法。回應事件而有的觸發、執行和管理程式碼執行的通用模式將作為產品和服務交付,例如 AWS Lambda 和許多 Apache 案子(如 Flink 和 Storm)。各種產品與服務之間的確切執行模式可能有所不同,但最終結果是相同的:檢測到一個事件並執行程式碼作為回應。

無伺服器

整個無伺服器市場類別代表了一系列的服務,乃透過組合與事件來支援應用程式開發。服務的設計宗旨為使開發人員專注於特定的程式碼或工作流程,並最大化減少任何所需的「膠水代碼」和操作工作,使它們的應用與眾不同。有幾種符合此描述的服務,其中最為突出的兩類為 FaaS 和工作流程自動化。

AWS Lambda 以作為 Amazon 無伺服器產品組合中的旗艦服務脫穎而出，並且是 FaaS 很好的例子。透過在其廣泛的服務組合中提供觸發鉤，AWS 使開發人員只需將觸發器與功能連接到接收器或其他觸發器，即可建構各種應用程式類別。在將新記錄添加到 DynamoDB 資料存儲中要採取哪些措施？為此有個 Lambda 觸發器；想要在 API 閘道中呼叫 API 運行某函式時，也有一個 Lambda 觸發器。

AWS 也已在其產品組合中包含了針對核心運營活動的觸發器。透過 Amazon CloudWatch 事件可以在關鍵 AWS 資源中的狀態更改時觸發 Lambda 函式。例如，如果您在建構新的 EC2 虛擬機，想要在發生錯誤時就關閉某個功能，則可將 CloudWatch 事件連接到其通知服務，從而呼叫 Lambda 函式。此乃一套非常強大的工具。

當然，Microsoft Azure 和 Google Cloud Platform（GCP）也在建構事件驅動服務套件，以支持無伺服器編程及操作。兩者皆具有 FaaS 產品，以及可輕鬆連接到其他服務產生的事件流程的訊息傳遞選項。

低程式碼或無程式碼平台

有些產品甚至採取不同方法來減少或消除程式碼的需求。當檢測到事件時，低程式碼或無程式碼平台可使執行的某種視覺設計形式產生。例如，低程式碼即時應用程式平台 VANTIQ 使用流程圖來連接由一個或多個事件觸發的活動，如圖 4-7 所示。

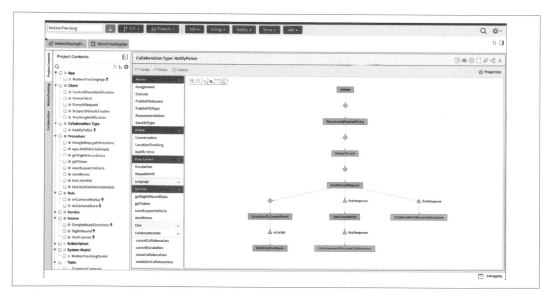

圖 4-7　VANTIQ Modelo 建模介面

另一個事件驅動的低程式碼和無程式碼平台範例是 Mendix。Mendix 和 VANTIQ 均與佇列平台整合，包含傳統的訊息佇列和基於紀錄的佇列。大多數伺服器具有類似的功能來建構資料流程模型，可用於連接不同的串流系統。

必須注意的是，大多數自稱為「低程式碼」或「無程式碼」的平台，並不是為了事件驅動的應用程式或事件處理而建構的，絕大多數宣稱此標籤是針對網路和行動應用程式的供應商。但我相信在未來三到五年內，事件驅動或「即時」低程式碼平台領域的競爭將會激增。

基於紀錄的串流處理平台

在傳遞訊息系統中，事件資料以某種形式駐留在佇列中，直到可以處理為止。消費者只需從一個主題（或可能從該主題的過濾視圖）中請求下一個主題並處理即可。

基於紀錄的事件處理平台是佇列系統的一種變體，系統中的事件按照順序被追蹤了一段時間。Apache Kafka 也許是當今市場上最知名的串流媒體平台，將每個已記錄的事件描述為在**主題**中擷取的紀錄。（請注意，在訊息佇列和串流平台使用的術語**主題**必須一致。）

為了處理規模，可以按事件的標準來劃分主題。例如由生成事件的生產者 ID 中第一個字母，或從中生成事件的地理位置，再提供介面使消費者為其感興趣的事件找到正確的區域，或者以單一串流的形式讀取整個主題。圖 4-8 即為此種方法的描述。

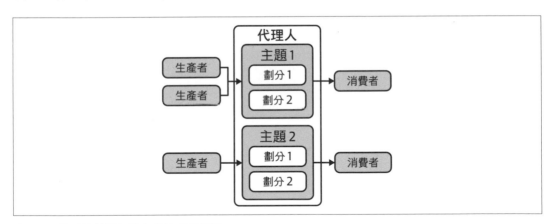

圖 4-8　典型的基於紀錄之事件處理架構

當生產者想要發送信號通知事件時，僅需將其發布到主題就像訊息佇列軟體一樣。但是從事件建立的紀錄必須具有關鍵、值和時間戳記。時間戳記乃用於維持傳入事件的順序，使它在消費者要求讀取主題時有一些選擇。

如果消費者只是想獲取最新事件，那麼當然可以這樣做。然而基於紀錄的平台增加了在主題中選擇時間點的能力，可讀取從該時間點開始發生的所有事件；另外，消費者還可以指定開始和結束時間，請求該範圍內的所有事件。如果您有使用過，這就有點像從磁帶設備讀取資料。與訊息佇列不同的是，基於紀錄的佇列中事件在讀取時不會從主題中刪除，反而會保留指定的時間長度，並可供已授權的消費者在需要時檢索。

這會產生奇妙的副作用：它允許多個消費者同時閱讀同一主題的不同點，如圖 4-9 所示。例如，當消費者 A 從第 2 偏移量讀取資料時，消費者 B 可從第 4 偏移量讀取資料。每個消費者都可以確定他們在給定主題時間軸中的位置，並在他們認為合適的情況下，於該時間線上前後移動。

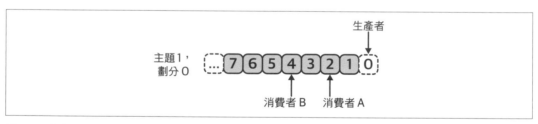

圖 4-9　從基於紀錄的佇列中讀取事件

以此種方式使用佇列，主題可以有效地成為特定活動來源的記錄系統，而且越來越多的開發人員使用 Kafka 及其他同類產品：透過一種稱為**事件來源**的實現模式來儲存記錄的存儲系統。

在事件來源中，任何給定實體的狀態紀錄，完全由其主題中記錄的狀態變化串流所表示。如果使用者希望重新建立該實體的當前狀態，則只需從頭到尾讀取整個紀錄，並在每次狀態更改時追蹤新狀態；當它讀到最後時，它對當前狀態有個絕對準確的表述，並考慮到如何形成該狀態的各方面。

事件來源允許開發人員在發生故障後（或重新啟動系統時）重建複雜實體的狀態，而不必擔心爭議條款或資料庫交易失敗。紀錄檔被建構為高度可靠、冗餘且分散的，以實現更好的大規模性能。

如早前所述，Kafka 是當今最流行的基於紀錄之事件處理器，其他模型（包括 Apache Pulsar，AWS Kinesis 和 Microsoft Azure Event Hub）也實現了該模型。大多數進行串流處理的企業都使用基於紀錄的平台，但隨著有狀態串流處理平台的增加，這種情況可能很快就會改變。

狀態串流處理

將串流作為佇列或紀錄處理的一種替代方法是維持運行系統狀態模型，並圍繞該模型建構處理。假設在所居住的城鎮中運行交通系統，希望根據每個十字路口的即時狀況來協調交通號誌的時間安排；則可以使用基於紀錄的串流處理器，讓每個路口發送資料到自己的主題，以公式化的方式處理並對狀態變化做出反應。

但這也有一個缺點，就是需要要求開發人員在內存或資料庫中維護事件與事件間的實體狀態及其之間的關係。活動狀態模型並不真正存在串流處理器中。

在狀態處理系統中，對問題領域的理解用於創建和維護現實世界的狀態表示。在交通號誌範例中，模型使用稱為**數位雙胞胎**的軟體代理人來代表路口，並使用資料模型來繪製代理人之間的關係。

數位雙胞胎之所以為一強大概念的原因有很多。首先，他們使代理人智能地了解狀態的含義，藉由可與其他代理人通訊的程式碼或規則模型添加行為。其次是使監視整個系統狀態的代理人更全面了解代理與所產生的行為之間的關係。

狀態串流處理平台提供您現實世界的數位表示，且用於定義它的事件串流不斷更新。今天該領域的產品已經提供複雜的方法來查找數位雙胞胎的關係，在代理之間共享更大模型以進行更廣泛的計算，提供冗餘的方法來確保狀態在分散式計算環境中得到準確表示。

可以透過多種方式處理。例如，Swim.ai（一種有狀態的事件處埋環境）就可以從事件串流中動態建構模型，並提供內置的機器學習功能，是在最少開發人員的干預下實現連續學習和高效能模型執行。EnterpriseWeb 為一替代例子，它使用資料流程的概念來基於模型狀態建構處理管道。

對應事件處理平台

我們針對 IoT 討論的技術對應到 Wardley Map 組件，如表 4-4 所示。

表 4-4　服務匯流排與訊息佇列的 Wardley 組件對照

架構組件	Wardley Map 組件
無伺服器平台	處理器 佇列 資源 接收器
低程式碼和無程式碼平台	處理器
基於紀錄串流處理器	處理器 佇列
狀態串流處理器	處理器

現今的串流架構和整合

儘管事件處理是流程方面的關鍵，但核心重點仍是使用事件串流來跨組織邊界整合活動。因此，重要的是簡要探討當今如何將訊息和流程傳輸整合。

現今使用的大多數訊息傳遞和流程自動化架構旨在使不同、鬆耦合的軟體能夠彼此交互。ESB、訊息佇列、平台即服務（iPaaS）供應商，以及許多其他整合平台都具有連接生態系統和整合工具，這些生態系統支援各種常用的企業軟體、公共雲端服務和訊息來源。

由於機制相似，此處會簡要討論平台支援整合生態系統的方式，描述的內容（作為高階抽象）幾乎是現在所有支持與其他軟體產品和服務直接整合的事件驅動佇列，以及處理器所使用的內容。

回顧第 1 章中上下文系統以及可組合系統的概述。當今最常見的整合方法是上下文，這意味著平台提供特定的機制，使開發人員藉此擴展平台來支持與他們的產品整合。這些機制通常只支援底層平台特定功能的整合。對於大多數平台，這通常至少包含訊息的出入口處理。

圖 4-10 是流程自動化平台的簡易模型，例如 Dell Boomi 或 MuleSoft 支持使用連接器來使外部應用程式觸發流程（進入流程），在任何過程步驟中採取措施（中間流程）並在流程結束時（出口流程）向外部系統觸發事件。請注意，連接器為一軟體組件，通常是可執行文件或函式庫，於執行適當的平台功能時被呼叫。通常僅在平台明確配置為使用連接器執行此操作時才呼叫連接器。

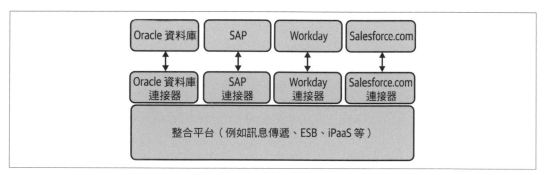

圖 4-10　整合平台的連接器架構

看起來和圖 4-2 中的企業服務匯流排示意圖十分類似。

如果您曾經是「如果這樣那麼做（IFTTT）」服務用戶，那麼您有過使用不同系統連接器整合來創造流程的經驗。IFTTT 擁有來自數百個軟體和消費品公司的龐大連接器函式庫，可讓使用者實現日常生活的自動化。例如，它們描述了如何將自動清潔垃圾箱 Litter-Robot 的連接器，與 iRobot 等掃地機器人銷售商的連接器相連，以便在檢測到貓離開垃圾箱後立即啟用掃地功能。（身為一個有點怪的前任貓主的我，認為這是個很巧妙的點子。）

連接器是平台供應商的理想方法，因為可以在生態系統的形成和銷售方式中實現一致。藉由控制誰和哪些事物可擴展平台，您可以控製品牌、市場契合度及效用；除此之外，您還可以避免使用可組合方式提供之平台，其中所包含怪異、無法預料的用途。

但是並非所有整合的使用案例都能從連接器方法中受益。當我描述可組合系統時，談到了 Linux 指令行——Linux 實用程序可以透過作業系統的功能以任意方式連接，因此，開發人員必須以正確的方式連接實用程序來建構流程。從開發者角度來說，這是更大量的工作，他們需要設置所有內容和配置才能使流程正常運行，但是對於未曾預料到的需求，也將保有無限彈性。

可組合系統通常不會出現在商業平台中，因為其試圖以預先定義關鍵流程或流程自動化元素來刪除工作。我相信這就是為何看不到很多可組合的事件驅動型生態系統的原因；儘管看到 AWS 無伺服器生態系統，情況也可能會迅速改變。

儘管我們將在未來幾年中擁有基於連接器的架構，但使用事件和無伺服器技術組裝解決方案的興起，有望將人們注意力從平台轉移到其他形式的整合，像是專用型功能及服務。這對於那些將開發流程系統的人來說是積極的，因為您所開發的解決方案既不需管理，也更有彈性。

圖 4-11 展示更有組合性的整合環境。

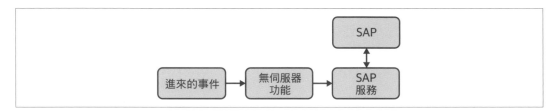

圖 4-11　透過無伺服器功能和專門服務的組合進行整合

後續步驟

最後，只要事件處理器可以處理生產者提供的資料的速度和數量，就沒有「正確」或「錯誤」的方式來處理或整合串流。對於某些特定用途，某些形式的事件處理要比其他用途還好，因此了解每種形式的優缺點非常重要。

第五章將會討論這些技術根據流程發展的方式，以及流程在技術生態系統中出現的方式，會使用 Wardley Map 探索流程的各種組成的演化方式，來查看在第二章中捕獲的需求，以探索如何填補主要鴻溝；並描述一系列我所認為在未來十年會定義流程的架構模式；然後在第六章將介紹您的組織今天可以做什麼以發現流程的機會，並在確定介面和協定後創建可整合到 WWF 的軟體系統。

評估流程的興起

目前我們了解了流程的商業案例、交付流程所需的模型與解決該模型的目前可用技術。但目前的市場狀況與我們在第一章中概述的願景相比，仍然存在很大的差距。要縮短差距，就必須推測未來，但這可能會帶來許多偏見和誤解，不過透過使用 Wardley Maps 和承諾理論，能幫助我們做出明智的選擇。

首先，我們將利用 Wardley Map 做一個小小的「遊戲」，以推測當流程介面和協定成為商品技術時會發生什麼事。遊戲包含對地圖提出問題，例如其他技術的發展是為了使介面協定得以發展，還是作為發展的結果？我們的目標是提出一個能夠推測每個組件未來的模型，包含哪些重要的行動及參與者可能幫助其特定的演進，以及現有供應商是否會試圖抵制這種演進。

爾後，我們將回到第二章中的需求類別來探討必須滿足地承諾，使組件以適合商業的方式發展。為了滿足流程帶來的新要求，我們能推測出哪些一般承諾？附錄也將探討現有技術與可用技術之間的差距在哪裡？

我們也會探討第四章中確立的模式以及所產生的特定承諾。將事件分發給大量有流程的消費者是否需要與其他用例不同的安全性承諾？生產者和消費者之間的承諾又是如何在模式之間變化？最重要的是，當今的技術市場中，哪一個承諾是無法實現的？

推測的目的不是為了找出確定的答案，而是為了提出一些流程演進可能採取的途徑，以期盼激發您的分析和洞察力。如果您發現了我在探索中可能錯過的路徑，那就太好了；若您能從自己的見識中受益就更好了！

將演進對應到流程

在第一章，我們努力理解我們的目的：建立一種簡單的方法，利用事件、標準介面和協定跨組織邊界整合應用程式來設定 Wardley Map 的範圍，並提供使用者及其需求：分別為生產者、消費者和流程整合。

我們還使用兩組獨立卻相關的資訊（景觀和氣候）探索目前狀況。第三章則闡述我們的願景，即構成流程的組件以及位於演進規模上的位置；第一章和第二章探討了這些技術發展的氣候，Wardley Map 與在這些章節中確立的氣候相結合，可使我們對目前狀況進行非常徹底的觀察。

然而，我們還沒完全挖掘出地圖的價值。評估景觀和氣候的另一個方面是確定目前狀況造成各組成部分隨著時間變化的方式。事實上，本書的主題就是基於這類型的分析：事件驅動整合的介面和協定成為商品技術時會發生什麼，機構和個人的需求將如何驅動此結果？

圖 5-1 再次展示了第 3 章最後所獲得的流程整合圖。

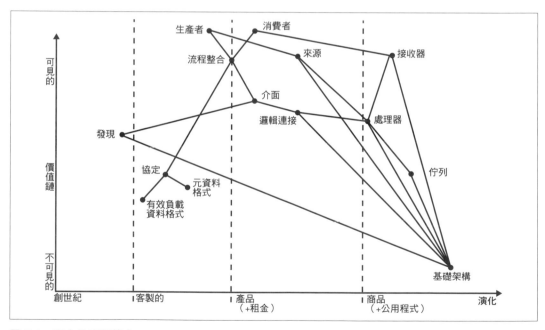

圖 5-1　現今的流程整合

讓我從本書的練習開始進行推測分析：當事件驅動的整合中使用的介面和協定發展到商品狀態時，會發生什麼事？又或者當生產者和消費者之間的流程整合成為一種商品慣例時，會發生什麼呢？

這種變化在地圖上以虛線箭頭表示，如圖 5-2。請注意，為了使流程整合不斷發展，其需求（也就是介面和協定）也必須不斷發展。在這種情況下，對於那些需要遷移的，他們各自的需求（即有效負載資料、元資料格式和發現介面）也必須遷移。讓有效負載資料格式和元資料格式遷移是因為他們實際上是由協定構成，但也可以說只有元資料格式**必須演進**。這就是地圖的威力：引起挑戰和調查方案。

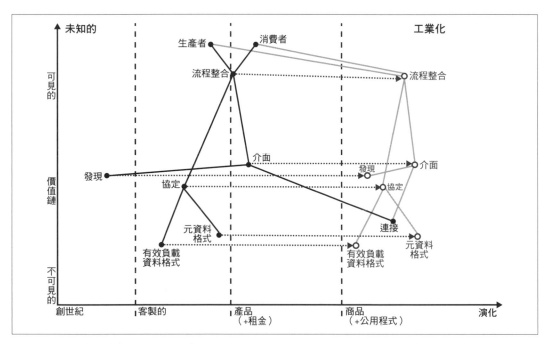

圖 5-2　流程整合、介面和協定的演變

發現介面也是一個不需要一直發展到商品的組件，就像公司提供內部軟體來完成工作。但是有兩件事使我有理由相信，發現與協定格式會一同進化。首先，發現最好作為在線服務（一種實用程式）提供，以從網路上的任何位置進行存取。我認為，與透過多個分散式軟體實例相比，從中央服務保持最新的可用串流目錄要容易得多。

第二件事是，在使用者連接到特定的串流之前，了解串流要求的差異（例如在給定時間段內共享的事件量、協定格式，甚至支持諸如書面語言翻譯的詳細資訊）至關重要。如果訊息佇列不是為支援高量的感測器串流而建構的，那麼連接到該串流可能不是一個好主意；如果您的軟體是基於英語編寫的事件資料做出決策，那麼連接到僅提供中文版本的串流也會是一件糟糕的事情。因此，我認為發現介面將是任何成功的流程介面中關鍵組成部分。

注意，要使流程整合成為一種商品化的技術解決方案，必須做很多事情。您可以嘗試在沒有所需支援組件（介面和協定）的情況下，僅對用戶需求（流程整合）來建模，但這同時也會帶來難題。如果實現該需求的人都必須使用客製或差異化的現成軟體或服務，那麼關鍵的用戶需求要如何變成商品？如果每個人都使用不同且不相容的解決方案來實現流程整合，那麼又要如何使流程整合成為「商品」呢？似乎是不可能的；即便有可能，也會是非常困難的事。

以介面組件為例。如果每個串流供應商都使用不同的介面，那麼流程將不是一種標準、普遍使用的事件驅動整合技術。若是這類情況，每個消費類軟體開發人員都必須研究如何使用特定介面編寫自行定義的程式碼以完成連接。更糟糕的是，處理和路由事件串流的核心基礎架構不僅必須意識到這些不同的介面，而且還必須意識到每個介面的不同版本。組合器將很快失去控制，並需要透過大量的開發和測試來整合到具有新介面的新串流中，如此一來，成本會變得非常昂貴。因此流程整合絕不是一種商品。

我從另一個方向也得出相同的結論。首先我要問個問題，介面和協定演變時會發生什麼？當我將其對應時，很快意識到事件驅動的整合是一個很好的解決方案且會繼續發展；也認識到這帶來新的可能性，這部分我們稍後會探討，不過圖 5-2 已經提供了提出一些非常重要的問題的機會。

遊戲玩法

為了進一步分析，我們使用 Wardley 稱為「遊戲玩法」的過程，在此過程中利用原始地圖並對它提出問題。Wardley 早期在建立地圖方法時就意識到，具有形勢感知能力使他能夠探索各種驅動地圖變化的技術。例如一個人想在 1990 年代末期破壞軟體開發市場，那麼應當考慮以下事實：當時所有的平台選項都是作為要安裝在客戶擁有的計算機上的產品出售。藉由建構平台實用程式，其推測可建立易於使用和成本的模型，從而輕鬆擊敗根深蒂固的在位者。

他的下一個問題是，如何確保新的公用程式不僅能從現有企業中獲利，還能免受未來競爭對手的侵害。為此他列出可能的「遊戲」清單：可能推動他的技術前進或限制其他人撤消新服務能力的行動。另外，您可以至他的部落格（*https://oreil.ly/qIz_I*）閱讀 Wardley 當時實際建立的實用程式——Zimki 的全部故事，其中包括他認為最好的選擇。

隨著時間的推移，Wardley 判定了 61 種不同的行動，分為 11 類供人們在製定戰略時參考。這些遊戲範圍很廣如表 5-1 所示，其包括以下各項：

- 開放許可並提供強大的 IP 保護
- 加快市場採納速度，減緩市場發展速度
- 直接投資用以處置債務

表 5-1　Simon Wardley 的遊戲策略

類別	遊戲玩法（使用者可應用於特定的內文）			
使用者感知	教育	綑綁	創造人為需求	選擇困惑
	品牌和市場	恐懼，不確定和懷疑	人為競爭	遊說／反駁
加速	市場推動力	開放式方法	利用網路效應	合作
	工業政策			
減速	利用約束	IPR	創造約束	
處理毒性	戳中的豬	處理責任	汗水與垃圾堆	重構
市場	差異化	定價政策	買方／供應商權力	收穫
	標準遊戲	最後站立的人	信號失真	交易
防禦性	獲取威脅	增加入口障礙	拖延	防禦性法規
	競爭的限制	管理慣性		
攻擊	導向投資	實驗	重心	破壞入口障礙
	傻瓜的伴侶	新聞發布過程	兩面玩法	
生態系統	聯盟	共同創造	感應引擎（ILC）	塔和護城河
	兩要素市場	選擇和調解	擁抱與擴展	渠道衝突與仲介
競爭者	伏擊	碎片遊戲	增強競爭對手的慣性	削弱
	誤導	行動限制	人才突擊	
位置性	搶地	首位移動者	快速追隨者	微弱訊號／水平
毒	許可遊戲	插入	設計失敗	

我不會在這裡討論這 61 個問題，如果感到好奇，Wardley 在部落格（*https://oreil.ly/5hjIo*）中為列表中的每個項目都有撰寫簡短說明，我僅會挑選其中幾個我認為隨著市場上流程的出現而可能會被使用的幾項做說明。

市場：標準遊戲

當技術處於產品階段時，產品本身的差異通常是獲得競爭優勢的關鍵。新汽車模型提供新穎的功能；房地產開發商尋求獨特的地理位置和誘人的便利設施；服裝製造商尋求獨特的美學或品牌聯想，以吸引買家購買襯衫、褲子或任何可能的東西。

雖然轉向使用公用模式會帶來些微變化，但仍有機會實現差異化。例如，AWS 試圖以其商品基礎架構服務背後的獨特，針對雲端優化的硬體脫穎而出。然而，核心價值差異是基於服務品質和公用程式供應商的定價。

那麼，流程如何幫助 SaaS 和其他雲端供應商在特定的企業軟體市場中佔上風？可藉由消除使用事件串流整合的任何差異、利用事件本身的價值，以及如何利用它們來解決問題，而不是僅存在一個事件驅動的介面（或事件驅動介面的任何獨特功能）。如此一來供應商就不須繼續投資在區分這些介面上，他們可以專注在服務的獨特之處如資料、獨特演算法與服務品質…等。

誰將從中受益？我的第一個想法始終是針對擁有當今關鍵資料串流之主要技術供應商，例如 Salesforce、SAP 或 Microsoft Office。他們知道這是許多複雜的整合之挑戰的核心，而為簡化挑戰所做的一切都是為了更容易採用其產品。採用事件驅動的整合標準可以做到這一點，並且仍然允許他們根據其產品控制的資料和流程來區分。

只有供應商相信他們可以透過強迫用戶使用其專有的（或唯一採用的）協定和介面來佔領市佔率以抗拒標準化。「三巨頭」雲端供應商（AWS、Azure 或 GCP）相信他們可以藉此獲得優勢。他們有大量的客戶使用其服務，其中有許多客戶依賴同樣也在雲端供應商中運行的 SaaS 產品，這些客戶需要的許多串流都是來自雲端服務本身。

但這樣做也會使他們無法輕鬆擷取與 SaaS 和企業內部運行的應用程式的整合，所以我不相信有任何方法可以避免標準化；反之我認為隨著客戶開始要求，流程標準將被漸漸、悄悄地廣泛採用。捕獲資料是所有主要雲端供應商核心的客戶保留模型，他們將認識到流程所提供的機會。

加速器：利用網路效應

我們在第 2 章討論過網路效應的概念。當市場提供新產品吸引新客戶，反過來又吸引了更多的產品進入市場時，所形成的回饋循環是強大的增長引擎。網路效應已經影響了大多數技術成功案例。流程的成功（以及 WWF 的出現）取決於生產者和消費者的廣泛應用，並需要簡化和提高流程價值的產品和服務。

一旦網路效應發揮作用，小型企業或初創企業就可以做一些有趣的事情。標準的流程機制意味著任何人都可以使用串流，只要對他們是有價值的。因此，為龐大的消費者市場提供服務的成本不會比為一個小市場高多少。如果某個組織發現市場適合他們的事件資料，則可推銷給任何想使用該事件資料的人。隨著網路效應擴大市場，同一企業可以相對輕鬆地服務這個不斷增長的市場（為服務消費者而增加使用基礎設施的額外成本）。

對我來說，這是企業家在事件驅動的整合和流程方面可以做最大的事情之一。參與開發和採用事件驅動的整合規範，此規範是開放並且旨在進行大規模擴展。還要密切注意可能正獲得動力的其他努力，迅速採取行動以採用該技術。隨著流程的發展，確保在相關標準中被定位為早期參與者。

然後，藉由提供自己的信息串流，與具有價值資訊串流的人合作，或藉由消費資訊串流以盡可能增加價值來鼓勵資訊流程市場。隨著特定用途價值的增加，請確保有能力利用此優勢。

這顯然是一個簡單的建議，但確實是如此，巨大的網路效應最初將使處於有利地位的人比那些需要大量投資以「快速跟隨」領導者的人更受益。不能保證您的產品從長遠來看一定會成功，但身為企業家的我願意在遊戲開始時就參與其中，而不是在比分確定的情況下才嘗試進入遊戲。

對於最有價值的用例，我敢打賭市場可能會在相對較短的時間內凝聚成少數贏家；因我認為具有價值、及時和可靠資料的事件來源才能贏得客戶的青睞。這意味著流程可能會造就幾位億萬富翁，並為有遠見技術的巨頭提供機會，在初創企業起步之前搶佔市場。

生態系統：共同創建

我已注意到要使流程連接有價值，就必須至少要有一個生產者和消費者，因此產生了有趣的「雞生蛋，蛋生雞」問題：生產者先出現還是消費者先？

最初反應可能是「生產者因為沒有事件串流就沒有消費者」；看似說對了，但請考慮兩點。首先，如果足夠多的企業要求存取某種形式的即時資料，則表明生產者存在於市場，而消費者需求可以推動生產者的創造。

其次，大多數產品或服務的購買者不會對流程產生任何疑問，他們會重視某些通知或操作，對是否使用事件驅動的整合來滿足這個需求真的一點也不關心。從長遠來看，創建流程連接的實際行為在很大程度上是不可見的，也許只是簡單共享 URI。

這為擁有共同利益的公司集團或其他組織共同創造機會，圍繞流程創造價值。這在以前，當組織團體需要可靠的整合關鍵流程和資料串流時已做過很多次了。電子支付行業建立了 IFX 基金會，現在由工業貿易組織 Nacha（*https://oreil.ly/n4mHU*）負責，以協調和招募公司使用許多關鍵的電子支付標準。系統控制和資料自動化行業利用現有的標準機構 OASIS（*https://oreil.ly/Gc1MA*）來創建和推廣 MQTT 標準。美國政府的衛生資訊技術國家協調員辦事處（*https://oreil.ly/NI-5H*），該機構負責協調眾多醫療資訊整合標準。

我想，一旦市場接受了基本介面和協定，這些組織和機構中的許多人將參與定義流程有效負載的標準。但是要落實還需要公司同意合作定義、建立、測試和完善基本機制。如果證券交易業同意與技術界合作，定義基本的流程標準，並在最極端的使用情況下發揮作用，那將是非常了不起的。

我認為，主要的雲端供應商可能會聚集一組合作夥伴和客戶來解決某種形式的事件整合，且可能還會結成聯盟，以將相容的標準擴展到其他雲端供應商和 SaaS 應用程式。如今主要雲端供應商都面臨事件生態系統挑戰，因此支持串流市場符合他們的利益，跨雲端和私有基礎架構使用串流也符合客戶及合作夥伴的利益。

其他

這只是說明如何使用遊戲玩法來邏輯性地推測市場發展方式的其中三個例子，剩餘的 58 個選項留給讀者練習。

請記住，其中一些遊戲具有防禦性、甚至有時是欺騙性，例如《戳中的豬》（您在其中扮演傳統資產並出售給形勢意識較小的買家）。其他公司則極具進取心，並與反競爭的壟斷做法（例如 Harvesting）接壤，在此種做法中允許其他人在您的產品或服務上建立基礎，並購買自己的業務或複製最成功的產品[1]。

1　在撰寫本文時，美國國會有許多人都指控 Amazon Web Services 就是這麼做的。

我不對任何特定劇本的道德或功效評論；但是技術發展並不總是受到道德或有效行動的推動，重要的是要考慮什麼因素可能促使行業中的重要參與者選擇這樣的路徑，以及可以採取哪些措施來應對甚至加以利用。同樣的分析可能會導致對哪些法律或法規對市場和社會產生最積極影響的見解。

慣性

遊戲玩法可以幫助推動市場變化，但並非一帆風順。儘管技術挑戰可減緩流程的形成與採納，但企業斷言的變化卻受到流程負面影響，此乃另一個關鍵因素。這可採取兩種形式：對現有收入串流構成威脅的供應商，以及在新技術趨勢的不確定性中掙扎的企業。

現在，我們使用標準的 Wardley 表示法將這些障礙視為慣性：即地圖中虛線箭頭上的實線，如圖 5-3 所示。

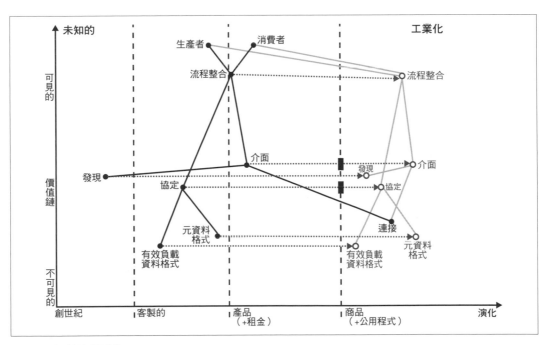

圖 5-3　慣性流程演化

供應商慣性

要理解供應商慣性的含義，請考慮當 Amazon 將 AWS 引入企業運算市場時發生的情況，客戶和供應商最初都是保持懷疑態度。對於客戶而言，報告的主要關注點是安全性：如何在共享的公用程式中保護資料？對於供應商而言，這對他們出售資料中心技術和本地軟體授權的高利潤商業模式構成了威脅。

大約從 2008 至 2012 年，市場上那些認為資料中心容量（如資料庫與訊息匯流排）和核心軟體服務商品化具有價值的人，與那些對公共雲端抱持懷疑態度的人之間發生了一場爭鬥。後者提供的慣性造成企業比初創公司晚了五十年或更久才採用公共雲端運算。

然而，在 2012 年左右，這種說法開始發生重大變化。一些宣稱自己在公共雲端上「全力以赴」的企業，誓言要完全關閉資料中心。另一些擁有「skunkworks」團隊則在雲端中推出非常成功的應用程式，以此證明這些工具既高效又安全。還有一些企業看到了雲端模式的價值，便投入大量資金在自己的基礎架構中重新創建。

今天，我們看到公私用雲端和虛擬化在企業基礎架構中佔有主導地位，公共雲端供應商提供的服務也越來越多，使企業在供應商或客戶的資料中心中，能從這三種模型裡選擇。眾所周知的工具越來越上手，使企業能夠針對給定的應用程式系統從本地、公共雲端或兩者的混合中進行選擇。關於這點我們已經克服了十年左右的慣性。

隨著流程的發展，可能會受到將事件處理生態系統視為競爭優勢之人的阻礙。但令人驚訝的是，我認為在這方面損失最大的供應商是雲端運算「三巨頭」——AWS、Microsoft Azure 和 GCP。每個公司都已經開始建構完整的服務生態系統，包括來源、佇列、處理器和接收器，他們都在各自專有的協定和介面上運行。

例如 AWS 客戶可以使用其 Lambda 和 Step Functions 服務來處理從 CloudFront 內容分發服務串流式傳輸操作的事件。如果 CloudFront 看到合法流量大幅增加，則 Step Functions 可透過針對此類活動準備的操作實踐手冊來提供自動化工作；而 Lambda 可以將這些操作的歷史紀錄寫入 DynamoDB 資料庫中。

這裡要注意的是，這些所有做法都是利用 AWS 生成的事件，其格式為自己定義的，使用透過 AWS 特定 API 提供的介面。將此類自動化轉移到另一雲端供應商，或將第三方供應商的 AI 服務（具有自己的介面）合併到 Step Functions 串流中，皆需要客製的程式碼才能將事件資料對應到另一種格式；然而這大幅增加了成本，甚至超出 AWS 的生態系統。

但有趣的是，雲端供應商顯示出一種跡象，即事件串流的價值遠遠超出與雲端服務交互的範圍。例如，這三家公司的成員都參與了現行的 CNCF CloudEvents 規範，每個人都公開承認企業需要跨雲端和私有資料中心整合應用程式和資料來源。因此我樂觀地認為，在未來幾年中，這三間公司都將擁護甚至是推動潮流。

來自供應商社區的另一個阻力可能是新創公司努力成為企業事件驅動整合的中央代理人。他們可能將完全開放的介面和協定視為獲取和保留客戶的威脅。但是，開放的事件串流生態系統也將使公司受益，因為隨著時間的流逝，將開創更大規模、更易於整合的客戶市場。我堅信就算有例外，創業社區也必擁護潮流。

通訊公司擁有連接流程生產者和消費者的「管道」，因此他們可能是採用流程難易度的主要因素。雖然對某些流程架構可能存在抵制，會將核心網路的價值降至最低，但流程本身有望提高網路服務及其品質的價值。在某些方面，由於通訊公司承擔著組織間的網路流量，因此它們可能是為流程增加價值的最佳選擇。

最後，供應商並不是唯一在產品採用與保留方面存在挑戰的實體。開源項目在開發人員和其他消費者採用時可以生存；但是其效用和功能也受到相同開發人員和消費者所確定的需求所驅動。大多數專注於即時資料和事件串流的開源項目將從開放式整合架構中受益匪淺。因此，開源世界不太可能出現阻力，而且正如我們所判斷的，它很有可能成為創建和流程採用的主要貢獻者。

企業慣性

因此，如果供應商不太可能為採用流程設置重大障礙，那麼還有誰會提供這種阻力呢？不幸地，答案是最能從中受益的組織。企業和政府機構面臨巨大的挑戰，可能會使採用新架構和新技術變得困難。

首先，大型組織的 IT 產品組合非常複雜。多年來，這些系統隨著應用程式、平台和基礎架構之間複雜關係不斷發展，採用新技術需要花費大量時間……此理由是充分的。

在與企業軟體客戶合作的那幾年中，我逐漸意識到，針對特定客戶的重大技術改造都需花費約三年的時間。第一年主要花在理解與探索技術在企業目標中的適用性；第二年是花費大量時間進行原型設計、計畫和首次使用技術；第三年是在整個組織內擴大技術的使用範圍。多年來，這是令人驚奇的一致時間表，但有一些例外是由法條或立即獲得投資回報所驅動。

這個時間表是一種自然的慣性形式，也是我相信五到十年後採用主流流程的原因之一。由於早期尚無現有的協定或介面，直到出現可以在生產中使用的成熟狀態的候選者時，才開始真正採用這種時程。因此就連早期採用者也可能需要五年的時間才能就流程標準達成共識並用於應用程式中。

從那時起，還需要幾年的時間、夠多的企業採用我們的技術，才能奠定 WWF 的基礎。一旦早期採用者證明了新協定和介面的可行性及價值，將有一些組織樂於跟進；其他人則需要花費數年的時間才能克服反對採用的意見。

這些反對意見可能是什麼？最常見的是安全性、性能和成本。例如，流程必須證明其能滿足從電子支付到醫療保健資料，再到分類資訊之所有內容的安全標準，必須保有隱私及出處；必須證明其處理最繁重的案例所需的速度和規模，且成本至少是其他替代方案的兩倍，或者需要帶來可觀的新進串流。

正如我們前面已經確定的那樣，流程將*如何*解決反對意見（或其他意料之外的反對意見）幾乎無法預測。但隨著 WWF 的發展，我們可以確定一些方法，使組織定位自己，以便能夠迅而熟練地行動，這也是第六章的重點。

這裡有龍

透過對應核心流程連接組件的演化，我們現在來設想，一旦演化到最後，整個流程價值鏈將是如何，如圖 5-4 所示。

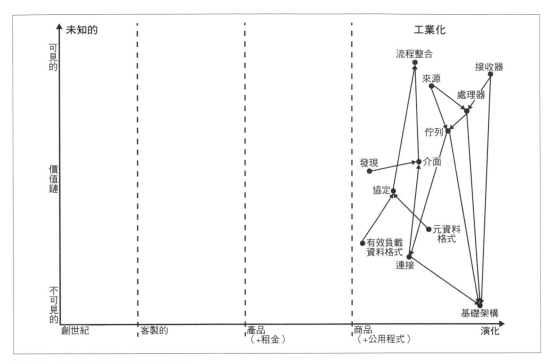

圖 5-4　所有組件演化後的流程圖

這僅在代表流程未來的理想狀態下有用：一個完全的商品基礎架構支援事件驅動的整合，以及所有建立端到端流程所需的子組件。然而，它無法預測未來了──至少如圖 5-4 所示。

但是，如果我們把未來可能消費的流程整合包括在內時，會發生什麼情況？如果嘗試更詳細定義潛在的生產者與消費者類型的話，確實會遇到有趣的窘境。事實上，由於流程的許多消費者為新穎或客製軟體的解決方案，因此我們無法準確預測這些解決方案將解決什麼問題，或是它們要如何解決。

Wardley 開玩笑地指出製圖師以前必須處理的問題。早期的地圖通常會在未知的空間上繪製神話生物；而現代這些圖畫經常與「這裡有龍」（*https://oreil.ly/QMe1E*）諺語有關，但事實上牠僅出現在古老的地圖上──Hunt-Lenox Globe（*https:// oreil.ly/qY_JL*）。但是 Wardley 以此來表示現有技術的商品化為創新提供新的機會，如圖 5-5 所示。

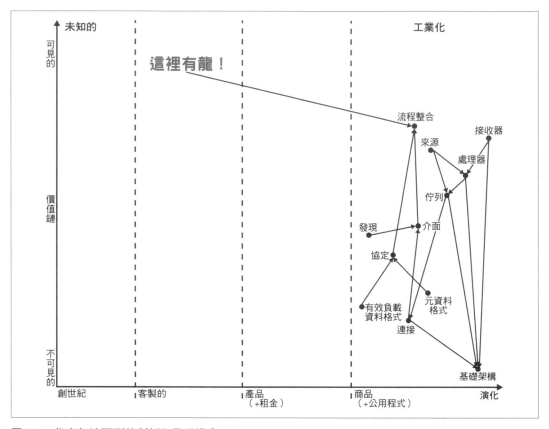

圖 5-5　代表無法預測的創新和發明機會

這就是為什麼流程的可能性如此令人興奮的原因。如果流程確實成為簡單、標準化且可預測的整合方法,那麼我們將無法合理地預測應用、服務甚至依賴於其發明的設備。儘管可推測哪些行業可以利用流程,但我們無法確定哪些應用程式將真正推動流程中的網路效應,甚至無法確定其是否來自這些行業。

對我而言,這表示流程的使用可能會增長到難以想像的程度,成為此過程中互聯網的核心要素。當然,混雜專有的介面與不同的整合選項也許會佔上風;但是我認為將流程的簡單性與開發人員探索新領域的方式相結合,能成功推動更多種創新的用途。

流程需求、挑戰與機會

正如已經討論過的，從圖 5-1 中可以看到，用於建立、接收、處理和消費事件的端點技術已經以商品形式（即開源）大量採用，或作為公用程式（即公共雲端服務）。儘管這些項目和服務的性質及功能可能會隨著流程的變化而顯著發展；但是處理器、佇列和基本網路連接的發展位置不會有太大變化；因此流程演化的問題並不以這些組件的演變為中心。

流程取決於組件對標準介面與協定的採用，此乃一個剛開始要發生的事件。例如，隨著越來越多的訊息傳遞和事件串流引擎開始支援諸如 MQTT 與 AMQP 這類的核心標準，用於整合的協定普及性越來越高。我們離「流程標準」還有很長的一段路要走，但是縮小候選人範圍（或至少嘗試使用有限數量的方法）的過程已經開始。

看待需要克服的慣性之一種方法，是透過在第二章中首次確立的需求視角，僅採用目前的現有介面與協定是不夠的。我們需要找到滿足這些要求的機制，以使流程成為一種適應各種情況的簡單機制。例如，在金融市場、政府和醫療保健領域，如果缺乏足夠的安全控制措施，就會失去大量的整合機會；因為如果沒有這些安全控制措施，他們無法信任資料的安全性。如果沒有使資料串流貨幣化的方法，許多資料來源將求助於其他整合方式來保護其數據的價值。

讓我們更深入研究每一個需求，確定需要解決的潛在問題，並驗證我們的承諾，以了解可能需要解決的差距，透過使用技術歷史上類似的演變來考慮解決方案以進一步分析。在分析中，您其實會經常看到我使用 HTTP 和 WWW 的發展來確立與流程發展的潛在相似之處。

安全性

信任始終是任何合法的制度體系的首要要求。儘管可預測的可用性與性能之類的品質對於建立信任固然重要，但是大多數企業軟體系統的價值在於資料，保護其價值更是重要。沒有足夠的安全性，流程就無法吸引生產者或消費者。

好消息是，這種對安全性的依賴並不是流程獨有的，而是互聯網本身以及大多數軟體整合的核心素質，全球網路的核心已擁有我們每天所依賴的各種安全標準。在第四章討論的 TLS（傳輸層安全協定）提供在 TCP 網路上加密網路數據；預設情況下，任何在支援 TLS 的兩個系統之間傳遞的流量，至少都會使用一種廣受信賴的加密演算法來進行加密。

但是，網路安全性無法解決大多數機構中的其他問題。在必須同時保護端到端通訊以及靜態資料的環境中，需要獨立加密有效負載資料。消費者需要確保他們在事件中接收到的資料是有效並準確的，稱之為 **資料出處**；相同的生產者希望只有授權的消費者才能使用他們生產的事件。在許多安全方面的問題中，加密、連接安全性及資料出處這三方面值得我們更深入地檢視。

加密

2020 年 4 月，視訊會議公司 Zoom 提出「端到端加密」，是僅在離開資料中心後才保護流量，當時引起許多關注。在 Zoom 伺服器和網路中沒有對視訊會議資料進行加密，理論上說來這使 Zoom（或有權存取 Zoom 伺服器的任何人）能夠攔截和檢查該流量。

在受到使用者、公民自由組織和資訊安全專業人員的強烈抗議後，Zoom 意識到端到端加密的必要性，特別是針對安全性敏感的企業與政府機構。在撰寫本文時，Zoom（*https://oreil.ly/LLZq-*）宣布提出了端到端加密的計畫作為附加的增值功能，需要此功能的使用者須支付額外費用。（Zoom 也透過修復現有功能分別解決了一些隱私問題。）

Zoom 的故事說明了有關各方在互聯網上交流的重要資訊。許多機構和個人都要求保證，未經授權的人員 **不能** 截獲或檢查這些通訊。混淆數位通訊對於任何網通企業軟體是必須的，當然這明顯適用於流程連接上。並非所有事件都須得到如此全面的保護，但必須具備贏得企業和政府業務的能力。

儘管有幾項標準工作都察覺到端到端加密的必要性，但如今仍很少人明確支持。例如 CNCF 的 CloudEvents 規範強烈建議對有效負載進行加密，儘管現今的加密方法與交換所需金鑰或憑證已不屬於規範的一部分。同樣的，MQTT，流行的物聯網發布和訂閱協定，可以攜帶二進制有效負載，允許發布者加密資料、將加密過的位元放入訊息有效負載中進行發布。假設使用者知道如何解密資料，那當他們從 MQTT 代理人接收有效負載時就可以這麼做。

AMQP 使用二進制有效負載，稱之為 **基地訊息**。基地訊息被認為是不可變的，即整個 AMQP 訊息不允許有任何內容被更改，從而確保有效負載將保持原生產者的原意。這使得加密的有效負載的支持非常容易，因為可以確保訊息在透過一個或多個訊息佇列傳輸時，不會對加密修補。

當然，所有這些協定都可以在 TLS 上運行，這意味著使用該基礎協定時，元資料也將被加密。這與使用 SSL 或 TLS 的某些安全金融交易技術非常相似，但對敏感性的資料（如信用卡號或社會保險號）進行了額外加密。

當然，問題在於所有特定事件或訊息傳遞的協定彼此間存在很大差異，沒有一個方法可以明確定義支援加密的事件，且該事件可被任何使用事件的應用程式讀取。它就像一般的流程協定一樣根本不存在。就承諾而言，沒有一種技術可以保證想要接收和解釋事件（至少是其元資料）的授權軟體可以隨意這樣做，而且沒有一種通用理解的加密方法（或通訊加密使用的方法），讓消費者在接收到有效負載後就成功解密。

迄今為止，CNCF CloudEvents 團隊致力於解決這個問題。例如，CloudEvents 規範包括與 MQTT 和 AMQP 的綁定，可用於相應協定中傳輸事件資料（包含其加密）。在該專案的 GitHub 問題論壇（*https://oreil.ly/KSATb*）中對於涉及各種事件通訊和處理用例中的正確處理加密的方法有大量討論。儘管目前他們已經決定不再對加密有所規範，但這也是我喜歡 CloudEvents 努力的關鍵原因之一：他們正在積極尋求 CloudEvents 在安全整合中正確的角色。

然而，如果觀察 HTTP 的世界，您不會看到任何單一的端到端加密方案。實際上，HTTP（更確切的說是 HTTPS）依賴協定（如 TLS）來處理加密，如此會受到完全相同的限制，因此缺少附加協定。那是否意味著 HTTPS 不安全？一旦個人資料離開互聯網並進入電子商務的軟體與資料庫，風險是否很高？顯然不是，因為這些公司（以及其他需要比 HTTPS 提供更大加密的公司）會根據需求來添加其他加密。讓人出乎意料的是，這些加密演算法因個案而異（儘管已經有一些標準化）。

對我來說，這意味著無論什麼協定成為流程標準都不一定需要明確地支援加密。如同 MQTT 或 AMQP，協定可以簡單支援攜帶已加密的資料有效負載，不須關心其加密位置或方式。發布者將取決於其他機制好把加密方法傳達給消費者。我認為這不是最佳選擇，但其具有難以置信的靈活性，況且涉及技術的實際標準時，靈活性通常會超越優化。

當然，另一種選擇是支持特定的加密標準，包含在事件本身中演算法上執行所需的元資料，例如公共加密金鑰。雖然可以確保每個使用者都可以讀取任何事件（假設具有其末尾解密消息的正確元素）並支持對受支持演算法的優化，但這樣做的代價是需要流程標準與特定加密保持一致。反過來說，這又會給更新的標準或支持新的加密演算法出現時帶來負擔，這就是為什麼這些高度規定性的方法會隨著時間而消失。

連接安全性

儘管加密對於信任事件繼續受到保護至關重要，但是加密並不能確保事件到達正確的消費者。確保事件串流到達預期的目的地（且過程中不會被攔截或更改）需要網路層和應用程式層協定的支持。儘管存在針對特定產品和服務解決此問題的技術，但是對於管理事件傳遞或避免嚴重的安全問題，並沒有統一標準。

這樣的安全問題之一就是所謂的「中間人」攻擊，在這種攻擊中，對抗方使用網路駭客攔截來自生產者的流量，並在轉發給原始目標消費者之前讀取或更改事件。本質上雙方認為他們是透過安全連接彼此，並以直接交談的方式來管理雙方的訊息傳遞。

TSL 允許雙方使用獨立可信的認證頒發機構來驗證彼此的身分，為中間人攻擊提供解決方案，如此一來對手就無法用自己的密鑰替換任何一方的密鑰，因為新密鑰無法通過授權機構的驗證檢查。這顯然使 TLS（或類似協定）成為流程連接堆疊的關鍵部分，但僅憑此還不夠，連接過程的每一步都容易受騙，必須提供安全機制來應對漏洞。

此外許多現有的網路設備及軟體組件並不支援利用 TLS 進行網路通訊，這代表基於代理的協定（如 IoT 的 MQTT）必須找到另一種確保生產者和消費者僅與授權的代理人對話。方法之一是讓生產者和消費者都透過如 X.509 認證之類的加密密鑰技術來驗證代理人身分，基本上它是模擬 TLS 的第三方驗證系統。當然，TLS 僅加密透過網路通訊的兩方之間的連接，因此對於透過中介或在私有網路之間的事件流程來說是不夠的。

加密和密鑰交換協定顯然對於 WWF 的未來是否成功至關重要，因其已在 WWW 上使用。但有一個未解決的問題是，當今用於 HTTPS 的演算法與基礎架構是否適用於流程。許多協定利用 TLS（或其較舊的 SSL 版本）進行加密與身分驗證。因此，我敢打賭，任何成功的策略都將使用 TSL（或任何可能的後繼標準）如 SSL / TLS 之上的 WebSockets（WSS）甚至 HTTPS 本身。

然而由於這些協定主要是一比一的通訊加密方案，因此可能需要一個新協定來處理多個生產者，而這些新生產者以新的方式將資料串流傳輸到多個消費者。

資料出處

與確保正確的參與方參與流程整合同等重要，確保交換的資料保持有效且不受篡改也同樣重要。這是非常棘手的問題，因為連接安全性無法確保授權方不會以未經授權的方式更改資料。

資料出處（*https://oreil.ly/V6J-N*）一詞定義為「影響感興趣的資料輸入、實體、系統及過程的紀錄，提供資料及其來源的歷史紀錄」；換句話說，與資料的任何交互（尤其是與資料發生交互的交互）都是其來源的一部分。對於事件驅動的系統，需要資料出處以確保消費者讀取的資料不會被意外篡改，即使該資料已被一個或多個中間方處理和路由。

在談論事件驅動的整合方案時，我經常聲稱企業軟體市場中下一個數十億美元的初創公司中，將有能夠解決在 WWF 等大量、瞬息萬變的環境中維護資料出處的公司。了解關鍵任務（甚至是生命攸關）應用程式中消耗的資料的準確性十分重要，我期盼有一天能夠出現合適的解決方案。

確保資料不變的最簡單機制可能是某種校正或從事件的資料有效負載產生的其他值，並隨著事件一起發送。如果該演算法利用事件生產者僅知道的祕密，可以在不擔心「誤報」的情況下進行驗證，產生不可變動的驗證碼，則可在事件紀錄本身中保留出處。當每個處理器變更資料或產生要添加到事件的新值時，它可以將另一個驗證碼附加到事件紀錄中。

但是這並非萬無一失，因演算法必須具高度安全性、確保對「祕密」進行逆向工程。除了事件紀錄中記錄的內容之外，它並無提供任何更改歷史記錄，且事件紀錄本身可能被更改。因此就我所知，現今市場上還沒有該解決辦法的困難點在此。

另一個選擇是使用基於日誌的方法來追蹤對資料元素的任何和所有變動。這與第一種方法不同，因為將紀錄在事件本身之外，也提供了幾種方法來確保外部紀錄本身不會在不知不覺中被更改。最近流行的一種選擇是基於分類帳的資料存儲，例如區塊鏈，其中資料將被記錄在一個不可變的紀錄中，多個獨立方可以證明該紀錄是準確的。

儘管有許多供應商聲稱利用區塊鏈來提供資料出處，但目前大多數研究是在學術界進行的。已有大型企業供應商的商業解決方案如 SAP（*https://oreil.ly/iqCxk*）與 Microsoft（*https://oreil.ly/P9P0F*），但尚未在有限的預期範圍內被廣泛採用；學術界雖提出了許多可能方案，但尚未被商業或公共機構廣泛採用。區塊鏈本身最大的問題是性能：維護最新的分類式帳本需要大量的處理時間，這延遲在盡可能「即時」的應用中也許是無法接受的；但該技術仍透露出一線希望。

敏捷性

WWF 是一個複雜的系統，必須適應不斷變化的影響，例如新資訊來源、串流的處理方式甚至經濟本身的變化和發展方式。最重要的是，無論採用何種架構、介面和協定，都必須使機構能夠迅速適應其自身不斷變化的環境。

然而，這必須在不犧牲前一節中提及的信任下進行。流程敏捷性的機制必須調整，使生產者能夠將任何特定的串流交付給任何對其感興趣並被授權的人。當利益發生變化或授權被撤銷時，必須同樣以可預測的方式斷開與該串流的連接，且不會產生意外的後果。

確保這些屬性的主要方法是將鬆耦合的介面與已知且可預測的通訊協定結合，這也是為何流程分析強調介面與協定的原因。在採用流程中推動網路效應所需的敏捷性取決於這些屬性，因此讓我們對其詳細分析。

鬆耦合介面

軟體中的**耦合**是一個用於表示兩組件或模塊之間相互依賴性的術語。緊密耦合介面的一個示例是在大多數傳統的單體式系統中，業務邏輯與專用資料存儲之間的關係。這些應用程式以其最簡易形式要求對資料模式或內容類型任何更改，都應同時反映在資料存儲與業務邏輯程式碼中。改變一個，另一個也必須改變。有諸多解決方法，但每種方法都增加了程式碼與資料存儲交互的複雜性。

鬆耦合系統是其中各零件可以獨立修改的系統。鬆耦合介面隱藏了其軟體的內部功能，從而使軟體獨立於調用該介面的其他組件進行修改。這在分散式系統的內容中非常強大，因為他使系統不同代理人（即組件）能夠根據其需求按自己的時間表進行更改。

鬆耦合的介面還可以實現軟體的可組合性，讓我們回到第二章中關於可組合系統與上下文系統的討論。可組合性使尋求使用軟體解決問題的人員能夠利用已知介面將各部分連接起來，組裝出部分或全部解決方案。在 WWF 的背景下，可組合性必須是一項基本原則，即其組成的核心宗旨。如果消費者沒有能力發現和消費啟用關鍵功能所必需的串流，那麼流程網路就沒什麼價值了。

鬆耦合的流程介面是什麼樣子呢？嗯，有幾種方式可以切入。首先，採用一種更訊息傳遞導向的方式來連接串流，因為使用流程架構非常直觀。Synadia 使用 URI 中的主題（aka 主題）ID 來訂閱串流，而非如 IITTP 連接中使用 URL 來訂閱[2]的概念，就是這樣的一個例子，直觀來說，「我想透過主題名稱連接到串流」，而無須知道在何處或如何提供服務。

---

[2] 有關 Synadia 如何處理主題的更多資訊，請參閱網站（*https://oreil.ly/y0pZx*）中的「How it works/FAQ」。

相反的極端情況是僅使用今天的 HTTP URL 機制。設想一個 REST API 將串流標識為對象，其基本動作由標準 HTTP 命令驅動：GET、POST、PUT、DELETE、CONNECT、OPTIONS、TRACE 和 PATCH[3]。這種方法的優點是不需要提供太多新方法給開發人員學習，因 HTTP 不是在考慮串流的情況下開發的，所以可能不是最適合流程的介面。

我認為最終介面（或多個介面）將位於這兩者極端之間，很有可能使用 HTTP 來定位為串流提供服務的伺服器，並且 HTTP 將在建立連接中起關鍵作用（就像 WebSocket 或 WARP（*https://oreil.ly/Kdas6*）連接一樣）。同時也將導入新機制來定位、建立並管理特定的串流連接。流程介面中必須解決的如流程控制、串流錯誤處理和路由的問題，在傳統的 HTTP 請求回應交換中並不那麼重要。但是，考量到迄今為止 Web 套接字和 HTTP 串流傳輸都取得了成功，乍看之下似乎沒有多大問題。

CNCF CloudEvents 工作組正在為 CloudEvents 規範訂立訂閱與發現介面，儘管現在撰寫本文還為時過早，但這項工作正朝著在已知 HTTP 構造之上識別新的通訊元素方向努力發展。

明確說來，用於連接到唯一標定的串流商定標準介面尚不存在。在接下來約五年左右的時間裡，這個問題將越來越受到關注，期望在這期間能宣布更多選擇。以雲端運算和容器管理為例，此後市場宣布贏家的時間不應超過五至七年。

已知且可預測的協定

如我在第四章討論企業服務匯流排時所述，它們的最大缺點是沒有在連接到該匯流排的所有應用程式之間建立通用的資料協定，導致透過匯流排進行的每項整合都與連接兩個應用程式的工作量相當。在軟體整合方面，協定非常重要。

為了使流程蓬勃發展，連接中的主要兩方（生產者和消費者）必須確信他們能照承諾交換資料。如同第四章中探討所看到的協定，此問題實際上有兩個部分。第一個是事件元資料，即了解事件周遭內文的問題：包括如何編碼、在哪裡進行以及來自哪裡等；第二個是事件有效負載、事件的實際資料：新值、與先前值的差異（或「增量」）、更新的對象（如文檔）等，這部分將接著詳細討論。

3　如果您想了解如何這些命令，請查看 Mozilla Foundation 的文件（*https://oreil.ly/BEgKT*）。

首先，元資料非常重要，可以使消費者了解他們所接收的內容，並提供他們閱讀和解釋有效負載所需的工具。消費者在知道有效負載資料的類型，知道如何解密資料及如何解析有效負載之前，將無法處理資料。所有這些可能都包含在某種形式的元資料中，如果元資料不在事件本身，則最初建立連接時可共享；但在許多使用案例中，我認為事件可能會路由到許多不同的處理選項，因此在事件中包含關鍵元資料可能是有利的。

今天如 HTTP、MQTT 和 AMQP 之類的協定在其格式中都具有元資料系統；但這些協定都不是直接相容的，且肯定沒有一種機制可以用相同的簡單處理邏輯來讀取所有協定。CNCF CloudEvents 規範透過定義 CloudEvents 元資料字段與基礎協定的元資料機制之間的**綁定**來解決此問題，其實踐效果良好且還可用作流程中元資料模型。

與元資料相比，如今有效負載協定的定義甚至更少。事實上除了一些特定於行業的協定之外，本書中提到的大多數協定都只是假定嚴格定義有效負載格式作為其規範的一部分是不明智的；反而要假設有效負載主體為規範沒有意義的位元區塊。

這表示儘管通用的元資料格式允許消費者在不使用自定義程式碼的情況下訂閱生產者串流，但是對有效負載的解釋來說可能完全是另一件事。在流程發展的早期，我認為大多數串流都定義自己的有效負載格式，儘管可能使用諸如 JSON 或 YAML 之類的通用框架作為該定義的通用架構；但從長遠來看，我相信大多數行業及政府將為多數常見的串流使用案例定義或重用常見的有效負載標準，這些標準格式到底為何卻無法預測。一個有效的有效負載協定（甚至協定樣式），在很大程度上取決於隨著時間提供成本和靈活性的最佳組合之機制。

及時性

流程的核心價值主張實際上是圍繞兩件事建立的：降低透過事件串流整合的成本，以及使用事件串流接近即時方式發出狀態變化的信號。後者（資料的及時性）對於這類型的整合至關重要。例如，一個高頻交易系統在出售股票後要價，以獲取該股票的要價就不能真正利用該資訊做任何有價值的事情，該資料對於活動有價值的時間已經過去。

幾十年來，資料分析行業一直認為資料價值具有半衰期（*https://oreil.ly/qtjoO*）。一旦建立了資料（如透過感測器或 Web 應用程式中的使用者輸入），便對那些可利用資料立即採取行動的人產生巨大的價值。經過一段時間（因應用程式而異）後，資料的價值將降低，例如在 Web 應用程式中，如果花超過三秒鐘的時間來回應請求，則使用者將開始放棄與網站的交互；三秒鐘後做出回應可能會有些許價值，但比之前做出的回應要少許多。

最終對於特定應用程式，資料幾乎毫無價值（至少作為一條單獨的資訊）。可能是因為圍繞相關資料的活動即時流程已經完成，或是因為資料點現在只是正在進行的實體或活動的歷史中一小部分。

我使用**及時性**一詞，是因為並非所有消費者處理都必須盡可能即時進行，消費者不一定會像接收事件那樣快速處理串流。例如，當其他相關資料可用時，或者當有採取資源密集行動的能力時，他們可以選擇獲取事件。但是事件資料必須及時提供給消費者，使其對於消費者的預期動作有價值。

因此，及時性有兩個關鍵要素：延遲（事件變為可供消費者接收的時間）與保留時間（事件保持供消費者接收的時間），以下為兩者的深入探討。

延遲

將事件盡快傳遞給需要的消費者所需的時間取決於幾個因素。當使用**延遲**一詞時，大多數 IT 專業人員都會立即想到**網路延遲**，即資料傳輸於來源與目的地之間的網路佈線及設備所花費的時間。實際上，這是流程延遲的關鍵因素，因為流程體系架構取決於事件在網路上的分佈。

網路延遲最終受光速限制。孟買到芝加哥的距離為 12,939 公里（約 8,040 英里），光速為 299,792 公里／秒（約 186,282 英里／秒）。因此從孟買到芝加哥旅行所需的最短時間略大於 0.043 秒，即 43 毫秒。要求應用程式在幾毫秒內對發生的事情做出反應，這對應用程式來說是無法接受的。

此外，在互聯網上傳輸的資訊很少直接從來源傳播到目的地，幾乎所有網路用戶都透過網路服務提供商（ISP）獲得存取網路的權限，該服務供應商提供了從客戶到他們自己網路設備的連接。透過其設備，從客戶計算機發送的一點資料，可能會在到達目的地之前經過更多的設備及網路，經過的每個設備都會增加處理時間以讀取和路由；每增加行駛一英里，就會增加更多的延遲。

另外，每個網段在任何時候都可承載的信號數量（即其頻寬）都有限制。如果網段的頻寬被流量佔據，其他資料封包不得不等待到有可用的頻寬為止。互聯網上的巨大流量意味著在指定時刻，來源和目的地之間的網路各部分可能皆已飽和，從而導致資料傳輸進一步延遲。

所有這些結果意味著開發人員必須考慮各種體系架構可以減少對時間敏感的應用程式之延遲。一種選擇是盡量減少事件在到達目的地之前必須經過的網段（或「躍點」），藉由單一本地網段將生產者直接連接到消費者，是透過網路實現此目標的最快方法，但這對於不同組織之間整合應用程式來說是不切實際的。

因此，就網路躍點而言，接下來的最好安排是將消費者的軟體盡可能「靠近」生產者。一種方法是選擇物理上靠近生產者資料中心（或甚至在生產者資料中心之內，這在 HFT 應用程式中很常見），並由躍點最少的網路選項連接。工業界已經在各物聯網和工業用案例中採用此選項。**邊緣運算**一詞描述了在系統上盡可能接近來源和 / 或接收器放置處理的模式。

在我看來，邊緣運算和流程是相互依賴的概念，原因是在第二章中討論 Geoffrey West 的《**規模的規律和祕密：老鼠、小鳥、雞、大象，和我們居住的城市，隱藏規模縮放的規律，掌握其中令人驚訝的祕密，也同時掌握企業和地球的未來**》。複雜系統的流程模式表明，進行本地化運算可能會增加整個系統的整體擴展性。假設一個生產者及消費者位於同一個城市，為何要在他們之間透過網路發送資料封包？因本地資料中心網路有更高的效果。為了使流程支援我預期在十至二十年內產生的互聯網間流量水準，事件處理模式必須能夠實現這種規模，且邊緣運算模式也必將發揮作用。

除了網路延遲外，還有管理延遲處理的挑戰。因為一個事件流過多個進程甚至多個使用者之前，不需要立刻考慮延遲，對事件的任何處理都會增加該事件從來源到接收器所花費的時間。路由事件、複製事件、從現有事件資料建立新事件，甚至只是簡單檢查事件以查看是否需要處理都要花費時間，而在這些多重步驟中所花費的時間會大幅增加。

有多種選項可用於管理這類形式的延遲。一種簡單的方法是建構處理器、該處理器可以讀取和處理事件，而不會阻止事件並行進入另一個處理器；另一種選擇是仔細管理應用於事件的處理時間。我希望事件處理器在這方面採用 Web 應用程式開發中的效能管理模式。一個事例是建立「性能預算」，規定了每個處理步驟所允許的最長時間，並仔細追蹤處理器是否遵守。

網路和性能等待時間管理將為創業公司、雲端運算供應商和互聯網服務供應商等帶來無限機會。消費者和生產者都期望以簡單的方式知道他們的事件是在有效且合理的時間範圍內交付，且多數情況是速度越快越好。

保留

資料靜止時，保留資料是一個困難的問題。保留期結束後，資料應保留多長時間？組織應如何追蹤是否刪除資料？圍繞自動化的整個市場已經建立，可以幫助資料管理員應對這項挑戰。

事件保留將為組織帶來類似的問題。資料串流的所有者如何確定事件仍然對流程使用者具有價值？在將事件完全存檔或刪除前，該事件應在主題中保留多長時間？如果要直接從串流中重建狀態（請參閱第 116 頁的「記憶體」），是否意味著所有事件都必須永久保存在訊息佇列或紀錄中？

這些問題必須反覆試驗來得到回答，因為此時幾乎無法預測各種選擇的意外後果。無法將事件流量保留足夠久的問題可能會導致使用者進行錯誤的狀態處理；將事件保留太長時間可能會造成不合理的存儲需求，並在最初發送事件後很長一段時間內找到正確事件的成本也將大幅增加。

在此釐清，我並非在談論保留，而是當事件存儲在資料庫或其他資料庫的接收器中。一旦事件到達此目的，資料通常是處於靜止狀態且存在傳統資料保留的問題。這意味著事件流量的歷史分析將很可能與傳統的資料保留而非活動的事件保留聯繫在一起。然而隨著消費者被通知並及時處理該事件而使其保持「運動」的狀態，可能會引入與靜止資料不同的規則。

好消息是，對於許多案例來說事件保留是簡單的問題：只需將事件保留一段廣告時間，然後刪除即可。該時間可能由用於連接生產者和使用者的佇列或連接技術設置，也可能由生產者設定的策略設置。對於一些使用案例這段時間可能以秒為單位；對於其他人可能是需要數週甚至數年的時間來衡量。

但對於某些情況，資料保留策略可能是一個挑戰。如果生產者知道消費者只能在有限的時間段內連接到他們的串流，卻需要在每個事件產生時被告知，那麼生產者是否可以完全「忘記」事件的問題就變得更加困難。同樣的，生產者制定的策略也許可以解決此問題，比方說「事件最多可以使用三天。」但在其他情況下，生產者和消費者之間可能必須交換資訊以表明忘記事件是可行的。

因此，生產者和消費者之間保留的承諾對於確定該串流的價值至關重要。期許不同的行業在發現現實環境時會嘗試不同的策略：正在處理之事件的數量，以及維護事件的財務及監管成本。

可管理性

能夠維持流程應用程式的效能、可用性及準確性需要重新考慮基礎架構的角色，合作將是關鍵。確實，定義良好的介面和協定會讓相關各方相信事情會以某種方式工作，但是當他們的行為與預期不符時，開發人員可能需要外部參與者提供的資訊來遵循一系列流程整合並找出問題所在。因此，流程平台與工具本身可能必須利用流程介面和協定，來發送信號通知影響操作的事件。

要易於管理串流處理，必須具備兩項特徵。首先，操作員（生產者或消費者）必須能夠看到系統中正在發生的事情，此種能力就是我們現在說的**可觀察性**；其次，操作員必須以可預測的方式採取行動來影響系統行為，即為**可控制性**。

可觀察性和可控制性為我們探索流程的可管理性提供了美好的框架，深究它們是有意義的。

可觀察性

流程可觀察性是在構成流程系統的應用程式、服務、基礎架構及由其他組件生成的操作資料中查找有意義的信號——通常是事先無法預料的信號。這些信號可能是警告，生產者可能因軟體問題而沒有傳輸事件，或者是消費者發出的信號，正在檢測不應該存在的重複事件。有許多方法可以面對這些挑戰，但是了解可能影響事件串流產生和使用的系統行為非常重要。

今天，**可觀察性**一詞與新一類的操作工具相關，此工具從任意來源收集資料，而這些資料在評估系統行為或對系統行為進行疑難排解時，可能是有價值的。VMware、Honeycomb、NetDynamics 等公司的產品聲稱對現代分散式系統生成的巨型資料集分析提供不同程度的支援。

對於流程，定義生產者和消費者之間共享的信號非常重要，既可以收集見解，又可以保持安全性，但這並不是一件容易的事。如果所涉及的各方共享資訊太少，那麼造成行為發生的事件序列可能就無法收集；如果共享的資訊過多，則尋找相對的見解所需處理的時間成本，可能和事件本身去處理花費的一樣甚至更多。此外，過多的資料可能會暴露出對生產者或消費者有安全風險的見解。

理想的做法是僅共享正確的資訊以維持正常運作，同時將利用該資訊的成本降至最低。我預測未來將發生的情況會非常類似於 HTTP 中處理操作信號的方式，即使用錯誤代碼來表示連接問題以及連接兩端的問題。因為 HTTP 是一種請求－回應協定，所以客戶端很少需要向伺服器發出問題的信號；所有錯誤代碼反倒是在回應中發送至客戶端。

事件串流有些不同，因為大部分通訊是從生產者「推送」到消費者，消費者對生產者的反應沒有保證；而且如果生產者未能發送事件，則沒有特定信號向消費者傳達問題的存在。如今可用於佇列和處理器之類的協定及介面提供機制來減緩這種情況，但是事件驅動系統仍然有很多方法在沒有錯誤訊息產生的情況下仍發生故障，例如未檢測到的通訊丟失導致分散式資料存儲失去一致性。

可能的原因是在建立和維護連接所需的少量請求－回應活動中使用的錯誤代碼或許會在生產者和消費者之間實現「剛好足夠」的信號。例如，消費者幾乎一定會透過 HTTP 請求與生產者的連接；若是這樣，錯誤代碼則可用於指示生產者處於離線狀態，或此時再也無法接受任何訂閱請求。

如果生產者停止以消費者期望的速率發送事件，則可利用從消費者到生產者的連接發送的一些簡單訊息來檢測生產者是否在線或存在問題。如果收到生產者的回覆，表示可能有標準錯誤代碼指明任何已知的問題，包括飽和度或生產者來源的問題。

況且，如果生產者未能回應，則消費者可能認為生產者處於離線狀態，會稍後嘗試重新連接，以另一種方式到達生產者，或者找到其他生產者並連接。

除此之外，還存在與分散式應用程式效能有關的可觀察性。我不清楚流程協定是否必須允許不同方之間交換效能資料，如 WWW 具有用於測量瀏覽器中加載網頁效能（稱為真實用戶監測，或 RUM）的標準框架。但對於流程來說，提供消費者關於他們使用的生產者需花多長時間來處理及交付事件的資訊是否有意義？可能有，但是如果使用的是雲端服務，則可能沒有。雲端供應商圍繞他們服務的各種狀態變化提供事件，但沒有提供太多效能形式的資料。

最後，我認為我們必須看看基於 API 的整合在網路上是如何運作。服務有望為使用其 API 的應用程式提供高性能、可靠度和可預測的服務。這些 API 定義了回報消費者重要問題的機制，且幾乎沒有提供任何額外的操作數據。流程生產者可能會遇到相同的情況，但不同的是，在消費者被動地等待事件時，他們可能會操作事件串流來發送問題信號。

可控制性

在分散式系統中，用於管理出現問題的基礎架構與支持一切正常的「晴天」的基礎同樣重要。在網路上，每天、每秒鐘都會出錯，並且依賴於它的任何應用程式都必須在出現故障時保持可靠。一旦檢測到流程連接問題或透過該連接傳輸的事件，接下來的關鍵步驟就是要採取哪些措施來解決問題。

再一次，我們可以轉向 Web 和 API 的世界，以了解可控性如何在流程中發揮作用。如今，如果您從通訊商 Twilio 之類的服務中呼叫 API，對 Twilio 服務的實際運作影響很小。您可以控制配置，例如路由訊息的位置，在某些情況下要執行的腳本、付款方式等；但是所有實際的執行自動化（腳本除外）均由 Twilio 完全擁有、管理及操作。

在 API 領域中，API 提供程式設定服務操作的上下文。在流程中，我相信上下文通常由生產者或代表生產者的流程服務來設置。例如，第一章的 WeatherFlow 事例可能指消費者如何指示他們想要資料的地理位置以及他們想要接收事件的頻率，但是並非在每種情況下都必須如此。在假設的教育應用程式中，消費者（學習紀錄服務）可能會設置使用者和生產者（技能和學習事件的來源）來影響營運的環境。

發生問題時，受影響的一方（為方便起見，統稱消費者）可以評估問題。在許多情況下，可能只是變更流程連接的配置以糾正問題；但在其他情況下，生產者打包和發送事件的方式可能會發生變化，而消費者的應用程式必須適應此種變化。通常對於這類型的問題，流程就像今天基於 Web 的 API 服務一樣運行。

然而，事件驅動的系統中存在的某類問題，是在 API 驅動的系統中通常不會發生的。每當您有多個獨立的代理人在複雜系統中進行交互時，就很有可能發生意料之外的行為。這不是由於規劃或設計不當造成，而是代理人獨立決策的結果。有時會遇到一系列導致系統中一個或多個代理不希望看到的事件，在最壞的情形下，這些行為可以互相交疊，直到完全破壞系統的生存能力為止──此現象稱為**連鎖故障**。

這類行為的一個簡單事例，是稱為**循環依賴關係**的反饋循環。想像一下透過流程相互整合的三個應用程式（分別稱為 A、B、C）。圖 5-6 從 B 開發人員的角度顯示預期中的交互。

圖 5-6　B 期望與 A 和 C 交互的樣子

B 希望 A 發送 B 一個事件，而 C 希望從 B 接收一個事件；但是 B 不知道 C 一旦接收到該事件會如何處理。

現在想像一下，基於偶然的巧合，A 提供一項服務，C 認為其可在處理 B 的事件時從中受益，如圖 5-7 所示。

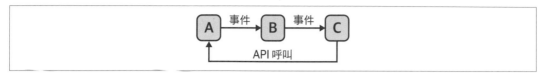

圖 5-7　如果 C 接收到來自 B 事件時呼叫 A，會發生什麼事情

如果 C 呼叫 API 導致 A 發送事件給 B，而 B 繼續向 C 發送事件，然後 C 再次以 API 呼叫 A⋯嗯，您可以看到會發生什麼事：這三個服務現已陷入了自我強化的循環流程中，可能導致大規模資料損壞，或其中任何一個甚至是全部的服務可用性產生嚴重影響。

循環依賴中一個很好的例子是美國股票市場。2010 年 5 月 6 日下午，一個軟體交易系統在短時間內意外觸發了大量交易，其他監視同一市場上交易行為的軟體系統偵測到售出後觸發了自動交易演算法作為回應。部分演算法觸發了更多的交易自動化，有時甚至是在完全不同的市場中。不幸的是，其中**那些**交易觸發了原始市場的自動演算法來交易更多股票，然後又反饋到相同的其他演算法中，依此類推。結果（在金融界稱為**閃崩事件**）在不到 30 分鐘的時間內，道瓊指數下跌了 9%（見圖 5-8）。

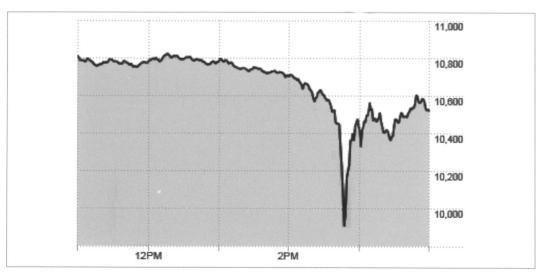

圖 5-8　2010 年 5 月 6 日道瓊工業平均指數

為了避免循環依賴及其他回饋循環,流程協定必須提供機制來追蹤事件實際的使用,以捕獲此類系統範圍內的意外行為,這點至關重要。還要將對抗反饋循環和其他行為的機制內建到介面提供者中,例如發布事件的佇列或處理器。

有種稱為**熔斷機制**的模式的機制十分有用。實際上,在閃崩事件之後,美國證券交易委員會(Securities and Exchange Commission)實施了所謂的**交易熔斷機制**以避免重蹈覆轍。藉由插入於市場資料流程中的軟體功能,當檢測到回饋循環時,將觸發部分或完全停止交易。可想而知,在流程世界中工作的開發人員與架構師也將在其應用程式中建立類似的機制,因為他們必須考慮潛在性的負面行為。

軟體整合的歷史清楚表明分離關注點的重要性,因此流程組件以可預測的方式運行並處理自己的業務,這是一個很好的選擇。但是無論代理人如何獨立工作,整合所表現出的系統性問題都有可能發生。可觀察性和可控制性的概念對於流程大規模的運行至關重要。

記憶體

事件驅動的架構為整合案例提供的絕佳機會之一是重播過去的能力。我不僅僅是指簡單儲存歷史發生的功能,而是能使消費者於指定的時間內,按照最初收到請求的順序列出所有事件。這對許多情況都很有幫助。

例如,要求金融系統準確「記住」執行複雜交易的時間和方式。此資料功能強大,不僅用於疑難排解,還可按順序「重播」事件以研究系統行為(通常在測試環境或金融建模系統中)。

在故障排除方面,另一個強大的使用案例是在審核流程整合方面。在建立連接、發布事件,以及在整合過程中發生的任何其他活動中捕捉的事件,不僅可以用在問題發生時除錯,也可以明確地追蹤每位消費者到底接收了哪些事件、使用哪些特定設定等。如果有功能性或安全性問題發生,這些資料可以在暫存的環境回顧,來尋找導致問題的模式。

事件歷史紀錄也可以用於模擬。當我們了解事件的模式如何在系統中生成行為時,就可能使用機器學習或另一種技術來對行為建模,操作員即可藉由模擬器運行不同事件模式以預測行為,或變更模型來反應變化的條件,像是處理能力的增加或減少。

這裡我們進入了極度需推測的領域,但在我看來,利用事件串流歷史紀錄作為記憶形式,可能是對於支援流程的某些新形軟體的最大機會之一。但是要實現這一價值,開發人員需要重新考慮活動事件資料與歷史上更傳統的「大數據」形式的作用。儘管後者可以感受到不同實體間的關係,但是前者承諾「回播」特定時間段內發生的特定事件之速度要快得許多。

捕獲所有事件資料的成本增加了交付數據的總體成本，因此我不確定是否大多數流程使用案例都需要它。但是，在需要的地方啟用事件存儲對於流程至關重要。

智慧財產權的控制

如果流程要成為完成業務之重大變更方式的核心，那麼最後的要求也許是最重要的要求之一。如果沒有流程的能力來確保智慧財產權（IP）的所有者可以維持對其的控制，那麼流程將不被信任；而且正如第 101 頁「安全性」中所言：信任始終是商業價值系統中的第一要求。

前面我們討論過資料出處，以及它在保持於各方之間傳遞的資料準確性方面所發揮的作用。控制智慧財產權肯定需要準確的資料出處，在不知道使用的資料與所有者共享的資料相匹配的真實情況下，確實存在著藉由偽造或變更資料來破壞價值、或欺騙消費者的真實機會。流程世界裡的品牌在很大程度上將取決於確保事件流經系統時維持價值的能力。

然而，資料出處並不是唯一重要的部分。正如音樂行業的數位化所表明的，將資料傳輸到外部方時強制執行所有權（無論是版權還是商標）是非常困難。一旦資料傳達到其他人的計算機時，幾乎沒有什麼方法可以控制對其存取。

但這並不是不可能。良好的加密支持中的部分價值在於能夠僅將金鑰交給授權存取事件有效負載的人員。今天存在一些加密方案，其限制授予存取權限的時間範圍，並確保特定的一方是唯一可使用加密金鑰的一方。因此，向客戶授予在許可協議中指定的時間範圍內有效的憑證是一種可行的方案。

這是研究 WWW 如何處理相同問題的另一個領域，可以使我們對流程的發展方式有所了解。以音樂銷售為例，在唱片業的前半個世紀左右，音樂的發行是透過當時可用的包裝方法來控制：首先是錄音筒，然後是唱片、錄音帶，最後是光碟。儘管可以非法複製這些方法，但這樣做的成本通常是高昂的（錄音帶除外），消費者通常被迫從唱片公司購買唱片，以便能夠隨意播放自己喜歡的歌曲。

隨著簡易二進制檔案中包含的數位音樂的出現，保護智慧財展權主要透過許可來處理，並且很少有技術可以幫助執行許可。網路上有趣的音樂歷史太廣泛而無法在此處詳細介紹，但是許多讀者可能還記得圍繞文件共享 Napster 服務和其他網路服務的爭議，這些服務使聽眾可以不受技術限制地分享自己喜歡的歌曲。

居家視訊行業從錄影帶轉移到 DVD 與藍光光碟時，也經歷過類似的挑戰，但是只有共享影像受到干擾。試圖透過加密和其他數位伎倆來鎖定共享檔案，也抵擋不了這種趨勢。

從 1997 年（行業收入達到 215 億美元的高峰）到 2015 年，音樂產業的收入下降了近 75%（降至 60 億美元）。數位音樂共享的出現為該行業以及影視和電影產業帶來了災難性衝擊。

有趣的是，影視和音樂行業都轉為令人驚訝的技術，以重新獲得發行的控制，並帶進了近二十年來的首次收入增長：串流媒體。是的，透過資料串流（本身不是事件串流）發送音樂或影像為音樂愛好者提供便利性，並超越了筆記型電腦或手機上的數位檔案。同時，串流媒體在音樂產業再創收入增長的能力中發揮了關鍵作用——儘管仍遠低於 1997 年的高峰。

理論上來講，串流式傳輸不會給聽眾留下自由傳播的音樂複本，況且與朋友之間簡單利用串流傳輸分享歌曲本就容易，因此在大部分情況下，去破解這樣的解決方案是沒有意義的。簡單訂閱一項服務，讓您在任何時候都能夠聽到這首歌才更有意義。

串流資料有望對有價值的企業、經濟和環境資料，以及幾乎所有有價值的即時資料進行類似的處理。串流可允許資料所有者提供數據，同時阻止消費者為了自身利益而重新打包數據（或免費共享）。如果我們可以將約定添加至使用者用來消費串流的函式庫和應用程式中，則可使智慧財產權所有者更安全地共享資料，反而能夠吸引更多的串流資源到 WWF。

我認為真正改變流程方式的是將貨幣化方案（訂閱或其他方式）添加到核心流程介面。想像一下不僅可以訂閱主題，還能根據生產者透過 API 規定的條款安排付款。舉凡新聞訂閱、音樂訂閱、天氣資訊訂閱、金融市場訂閱、醫療保健資料訂閱等可能性範圍很廣，且改變了遊戲規則。

因此，我相信隨著流程本身的出現，智慧財產權保護將發展相當快速，雖然我無法預測這些機制為何，但是它們的存在使即時串流整合更便利簡易，從而推動大量商務活動。

流程模式的挑戰與機會

觀察流程演化影響的另一種方法是透過模式的稜鏡，有四種基本流程模式（集合器、分配器、信號處理器與協助器）對流程系統的組織方式以及支持該流程的技術架構提出了很多建議。接著，讓我們來仔細研究每種模式，並探索可採取的措施使其更易於採用。

集合器模式

集合器模式為單一消費者訂閱來自多個生產者主題的模式，從當今應用的即時庫存到證券交易中皆可見。物聯網是大量使用此模式的技術領域，因為在任何應用中，大量感測器皆支援單一的處理機制，都會清楚地顯示集合器模式。圖 5-9 為集合器模式的簡要說明。

圖 5-9　集合器模式

我從集合器開始講起，因為它具有流程介面必須考慮的一項更有趣的挑戰。使用者是否應該*始終*啟動流程連接，或者在某些案例中，生產者應該能夠呼叫使用者的介面來發起連接？換句話說，生產者是否始終是主題訂閱的所有者，或者在收集與該主題相關的事件時，消費者可以是該主題的所有者嗎？

到目前為止，我一直認為生產者始終是事件串流的所有者，從某種意義上來說，在這種情況下是正確的。生產者決定如何以及何時發布他們正在串流式傳輸的資料；但是建立流程連接可能由生產者完成，可以應客戶的要求或滿足生產者的功能需求。

例如，想像一下，為了處理銷售稅，政府要求每個零售企業發送銷售活動的事件串流，在這種情況下，強迫使用者（或其銷售供應商）去政府網站利用客戶特定的 URI 訂閱該訊息來源是否有意義，或是從銷售點系統連接到政府機構提供的 URI 更容易？如果情況是所有零售商共享一個 URI，則後者可能會更容易；但實際上，銷售點供應商只需將 URI 嵌入其產品中，達到減輕客戶進入 URI 的需求。

集合器模式還必須能夠縮放滿足任何合理使用所需的輸入量，這也許意味著同時接收和處理數十萬甚至數百萬個串流。為此，所需的基礎架構和軟體架構可能會藉由現今在 Facebook、Google 或 Amazon 等地方部署的大規模擴展系統的幫助，但也還會出現新穎的基礎架構（例如狀態串流處理器），如此將創造適應此類需求的新商機。

分配器模式

分配器模式類似於在有線電視網路上廣播節目。串流中的每個事件都分配給多個使用者，數量通常為數百、數千甚至數百萬。就像股票交易所的 WeatherFlow 一樣，股票行情自動收錄器串流很可能會實現分配器模式。圖 5-10 說明了此模式。

圖 5-10　分配者模式

分配器模式與集合器模式具有類似的擴展點，但相反地，它必須擴展到達所有感興趣的消費者所需的輸出數量。有趣的點在於後者比前者更難解決的問題，尤其是在地理上分配的用途中，網路延遲和頻寬可能會導致事件生產者造成地球另一端的客戶嚴重的遲延並降低可靠性。將每個使用者連接到同一台伺服器甚至是資料中心，根本不是解決方案。

邊緣運算的概念雖不是萬能，但在這裡可能會成為流程整合的關鍵促成因素。第四章中簡要討論過邊緣運算，我將其視為應用程式部署的一種模式，來分解客戶端與伺服器端，更有效消耗頻寬並縮短回應時間。邊緣運算通常發生於中央資料中心之外，而今天中央資料中心發生的大部分大型運算，都利用了從分支機構中部署的伺服器到風力發電機中樹莓派的任何東西。

在流程中，邊緣運算可用於分配串流式傳輸終結點到更靠近需要的使用者之位置。就物理上和網路躍點而言，將流程終結點安置在距離消費者較近的伺服器上，理論上可確保消費者流程介面與協定是在距離和網路問題干擾最小的情況下運行。

然而，在現實中，這類問題通常又轉移到生產者的基礎架構，以及他們用以獲得事件串流到邊緣端點的方法上。試想 WeatherFlow 需要從 Amazon 的感測器提供世界各地的科研機構最新的降雨資料，則必須從感測器傳輸資料到建立事件的處理器，再添加到必須快速複製到全球所有基於邊緣之發布端點的串流中。無論如何，資訊仍然必須傳播相對的距離，因此距離生產者端點較遠的比靠近端點的晚接收資料。

確實沒有解決辦法，但是可以採取一些措施來緩解此問題。例如，如果要每人同時收到訊息很重要，則可設置　個延遲發布事件的協議，直到每個端點都收到副本為止。除此之外，事件串流可以按地區提供，讓消費者了解從本地接收事件與從遙遠的替代方案所產生的事件之間相權衡。

AWS 和其他主要的雲端供應商執行此操作：他們的操作事件僅從位於其起源區域中的端點發送。這鼓勵開發人員有效部署應用程式，將他們與要處理的事件放置在相同的區域中。對於無法以這種方式進行本地化的事件類型，例如特定城市的天氣，則無法正常工作；但是對於許多分配器的用途，按區域分區資料可能很聰明，流程介面將需要考慮是否採用這種方式。

信號器模式

信號器為通用模式，表示基於不同功能或過程中角色之間資料交換的功能。您可視信號處理器為交通警察，以高效的方式從生產者引導事件到消費者。許多工業控制系統都包含幾種信號類型的控制服務，每個服務都專注於感測器、資料處理與機械或機器人之間協調的不同方面。第一章中的虛構即時經濟服務也可視為實現了此種架構。圖 5-11 表示信號器模式。

圖 5-11　信號器模式

實際上，許多處理服務可能由大量單獨的信號器實現組成，而每一種都進行事件處理及交換的特定方面。我認為，這為複雜性帶來了最大的挑戰和機遇。

考慮到大型、複雜的整合以及處理問題的歷史，我認為大規模集中式企業軟體平台將持續發展，旨在提供用於建立和控制訊息路徑與處理的單一機制。從某種意義層面說，將看到 ESB 市場的重演，只是這次整合機制將圍繞流程介面與協定進行標準化。然而，對於大多數組織來說，集中式事件路由是否為最佳架構則是一個令人深思的問題，流程系統可能需要在幾個分散式邊緣運算服務以及核心共享服務間有效地路由串流。

但是需要某種管理相互依賴系統間傳遞複雜事件網路的方法。這可能以專用系統形式出現，例如工業控制製造商可能會使用流程標準來實現具有明確定義的處理邊界之閉環系統；但是答案可能是將事件驅動系統的認知與其實現脫離。

複雜的自適應系統有趣的一面是，參與該系統的任何代理，都很難了解整個系統的運行方式，這是因為每個代理只能根據與系統中其他代理之間的連接來查看系統，這是必然受限的地方。這類的代理人很難看到如跨越數百個代理人的回饋循環，甚至那些迴路可能對其自身功能產生負面影響。

解決此問題的最簡單方法是建構代理人以應對已知問題類別。為此您仍然需要透過可用信號（例如紀錄檔、監視等）觀察整個系統的工具。但結果是，當識別到不良行為時，第一道防線是所涉代理人的彈性，這加強行為檢測以及有助於確認可採取措施的工具，通常包括修改現有代理人或新增代理人到事件流程中。

因此我認為未來信號器模式平台需要與現有的可觀察性工具良好整合，或可能在他們提供的工具中實現可觀察性功能。鑑於流程系統可能會與其他軟體架構（如 API 驅動的服務）交織在一起，從長遠來看，我認為前者更勝過後者。

我也相信，用於事件驅動的架構和流程的大型集中式平台，最終將讓位給更多可組合的方法，在這種方法中，較小但分散性更強的平台將由開發人員和營運商在特定的組織領域（企業）分別管理。這與迄今為止的企業運算歷史一致：我們可能被看似簡單的「單層玻璃」所吸引，想以此管理大型、複雜組織中各方面的問題，但很快就會向現實低頭，即分散式系統需要分散式的決策。其結果是，更多的本地化解決方案通常會贏得較少的集中式解決方案。

協助器模式

協助器模式實際上是信號器模式的一種特殊形式，在跨組織整合用例中的效用值得一提。協助器實質上是代理人，將生產者提供的產品或服務的信號與需要該產品或服務的生產者之信號進行匹配；然後向雙方發出匹配存在的信號，甚至處理以完成可能由此發生的任何交易或通訊。第一章的 LoadLeader 物流事例就是此種模式。

圖 5-12 描述了協助器模式。

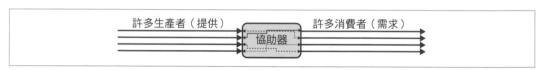

圖 5-12　協助器模式

為了簡化用語，我們稱每個提供項目的人為「賣主」（即使實際上沒有要求所提供的東西的補償），而每個消費東西的人都稱為「購買者」（即使沒有提供任何交易補償）。協助器模式將賣方和買方進行匹配，這在流程世界中是一個有趣的挑戰。有鑑於買賣雙方的數量可能會大量增長（也許是在全球範圍內），軟體開發人員可以採用什麼方法來實現呢？

好消息是，目前市場上有許多公司可以大規模匹配供需關係（賣方和買方）的事例。以道瓊證券市場為例，截至 2020 年 7 月 29 日的一年中，平均每天交易量約為 4.06 億筆，汽車共享服務公司 Uber 在 2019 年每天提供約 1,800 萬筆旅程；GoogleAdWords 平均每天提供超過 *290* 億個廣告；建構大規模匹配買賣雙方的基礎架構和應用程式是可行的。

我還有一個疑問是，本質上需要提供什麼樣的流程來支援這類交易。流程的核心協議中是否需要任何內容來表明賣方和買方對特定實體的興趣？我們如何確認特定實體僅參與一項交易，而不會「出售」兩次？

表面來看，我認為這是應用程式問題，而非協定問題。但我也承認，可能需要更多一點的完全公開、開放的協定，才能使交易更安全、更高效。可是如果應用程式是成功實現大規模簡化流程的關鍵，那麼建構最重要的流程簡化程序的應用程式將獲得巨大回報。因此，請留意無形的機會，使「買方」和「賣方」的匹配自動化。

流程的「中間人」很可能是因這項演變因而致富的人。

意料之外

因此，您可以分析一些推動流程發展及採納的因素。基於 Wardley Mapping 分析技術，鼓勵明智考量問題空間的當前狀態，以及將推動與其他技術市場發展相似的力量。我們無法從此分析中確切了解流程會是如何，但可以對其大概形式及作用力有良好的了解。

但我認為有必要提醒大家這一切純屬猜測。儘管 Wardley Map 具有洞察力，但也不過是一個模型而已，而所有的模型在某些程度上不全然完整。我可能錯過了流程所需的關鍵技術組件，或者可能誤解了其中一個組件的發展階段。

技術市場本身就是一個複雜的系統，因此「蝴蝶效應」已經完全發揮作用[4]。些微的擾動會對任何系統的開發方式產生令人驚訝的影響，對於技術市場亦同樣如此：一項小小的創新可能重寫部分的流程架構；市場營銷團隊的一個小決定可能會在某種程度上改變公眾對流程隱私倫理的看法。由事件驅動的整合導致的公共安全性漏洞，可能部分改變流程從網路效應中受益所需的時間。我們無法提前知道「龍捲風」的確切路徑，因為有許多蝴蝶拍打翅膀。

因此，重要的是不僅要計畫利用事件驅動的整合，而且要靈活、適應性強。第六章將探討現今能計畫的方式，以對流程未來保持開放和彈性，並參與其發展。

4　蝴蝶效應是一個眾所周知的比喻，其描述龍捲風的確切行為（走的路徑、降落的時間）如何受到環境的微小變化（如蝴蝶翅膀的拍打）的影響。

建立流程的未來

我希望到現在為止,您可看到事件驅動整合的強大功能及實用性,以及流程的可能性。
我也已提出了構想,闡明為何企業會急於採用、並將我們從現今的事件驅動型市場帶到
WWF 的機制所涉及的架構及技術。

除此之外我還指出,與流程的整個網路效應相比,尚有五到十年的發展空間。今天無法
「實施流程」是因尚無公認的實際標準介面或協定來進行跨組織邊界的事件驅動整合;此
外,事件驅動整合的其他關鍵技術(例如資料出處和端到端安全性)尚未實現,也很少被
接受為標準。那麼今天組織可以做些什麼以準備利用流程的力量和價值呢?

如果想為未來做好準備,那麼有三件事是您可以現在做的:

- 確定組織中需要進行即時處理,以回應組織軟體系統內部或外部的狀態變化。
- 採用「事件優先」策略來主架構與操作可滿足這些需求的應用程式及服務,包括需要
  與外部實體整合的地方。
- 考慮參與流程標準、相關技術或組織網路的創造,以提高效率或透過流程建立新的市
  場生態系統。

在本章將更詳細展示如何實現這三個目標,並以此為當前流程提供可能的方法。

在此我要提出一個警告。這裡提出的所有建議均基於個人撰寫本文時所了解的內容，情況可能會隨著時間而改變；因此我將嘗試引導您採取能夠靈活地適應未來變化的行動。有時，這會比其他選擇花費更多精力。當然您也可以忽略我的建議，或自行斟酌以符合您的需求。我的初衷只是指引您正確的方向。

此外，正如第四章提到的，串流與事件處理的世界比我在這裡可概述的還要多得多，還有更多關於解決問題的正確方法的意見。請勿視其為建構事件驅動系統的專家指南，而應將其作為思想的高階指南，為您系統未來的發展做好準備。

首先，確定您的業務中最能從流程架構和技術出現時受益的資料流程。

在企業中判斷流程

在開始設計流程系統之前，應該花時間確定流程需求，確定流程最終將如何提高現有整合的效率，或實現新業務與使命價值。找到整合問題，再確定即時選項（包含事件驅動的整合）在哪裡是正確的解決方案。如果確定如此，並且您相信很有可能使用這些相同架構與外部組織整合，那麼在設計時就必須考慮流程的合理性。

儘管流程的想法可能令人興奮和鼓舞，但在沒有業務的需求下建立一個全新架構只是在尋找解決問題的方案，依我看來是有風險的。IT 的歷史上充斥著因這緣故失敗的項目。專注於擴展現有應用程式和體系架構以實現流程的解決方案，同時減少對現有應用程式最大程度的邏輯修改。

有意義的問題類型不一定是新問題，並非靠任何想像力。幾十年來，分散式系統開發人員一直面臨著一旦發現事件就對其反應的需求，例如第一章所討論過的 HFT 系統為了利用即時資料串流來確定套利機會而早於「事件驅動的架構」才是正式的概念。

因此，我們有很多優先可評估業務、代理商及其他組織的問題。事實上我們將會討論由 Derek Collison 分享的四個基本類別。Derek Collison 是一位在即時訊息問題方面擁有數十年經驗的技術人員，目前是 Synadia 的執行長，該公司正建構一種利用訊息傳遞和事件概念連接世界各地數位系統、服務和設備的實用工具；他以對 TIBCO、Google、Cloud Foundry 和 NATS.io 的貢獻而聞名。在本章，我將使用 Collison 的四種基本類別來說明組織中大量流程的機會。

我也將介紹事件風暴法，它是一種非常強大的工具，在任何業務分析師或系統架構師的工具箱中皆可使用。

掌握了這些原則，我相信您的組織可以就流程在哪些方面能使企業或使命受益，進行明智且富有成果的討論，甚至開始為 WWF 做準備。

流程使用案例

在評估自己應用程式組合以獲得最佳應用流程方法時，了解事件串流和訊息傳遞的用法很重要。您的組織何時會使用流程？哪些應用程式是事件驅動整合的最佳選擇？在事件串流使用案例中，您的組織可能會與另一個組織整合嗎？

Collison 認為多年來他遇到的四種基本串流與服務類別為：

- 處理與發現
- 命令與控制
- 查詢與可觀察性
- 遙測和分析

Collison 認為，很少有訊息傳遞實現（不僅是事件串流應用程式，而且還有傳統的 RPC 服務）是不屬於此類別的。他告訴我，對這些簡單模式的思考和推理，幫助他設計出更好的系統。

當我評估 IT 組合中流程對什麼有效時，我發現這些類別十分見效。它們與我在第五章中介紹的流程模式相輔相成，儘管並不完全一致。在這裡快速提醒一下，我在圖 6-1 中收集了這些模式。

這些模式有助於將資訊如何透過各種形式的處理流動視覺化，因此也有助於評估企業流程中的流程機會。

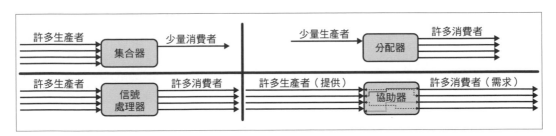

圖 6-1　第五章中的流程模式

下一節將介紹 Collison 的每個類別及流程如何應用；也將描述適用於每個用例的流程模式[1]。

處理與發現

思考一下像是 UPS 或 FedEx 這類公司在追蹤全球部署的十萬以上車輛時所面臨的挑戰。目前有哪些車輛在營運？哪些在維修，甚至是整夜停在停車場？新車投入使用並開始交付時會發生什麼？

或者思考一個雲端供應商，在全球資料中心所擁有的數百萬台伺服器，每日增加數百或數千個。分配工作負載的自動化系統如何發現哪些伺服器可用、了解其功能，然後添加到各種服務或客戶應用程式的可用資源中？

在現代複雜的系統環境中，解決這些問題並不像設備請求 IP 位址以獲取網路上的身分，或者讓資料輸入員添加紀錄到資料庫中那樣簡單，通常需要向多個系統通知新實體。此外還必須協調各服務的工作，以正確定位與表示（即分配識別符），並在全系統範圍內利用每個新的和現有的實體；這就是所謂的**處理與發現**。

處理與發現的形式跨越組織邊界。例如，在即時庫存系統中，通常由供應商和零售商為每個庫存項目標明註記（也稱為 SKU，即「庫存單位」）。您可以輕鬆地設想一個場景：供應商掃描到庫存中的每個新項目都會自動觸發事件，該事件由可能提供該產品的每個零售商所消耗；反過來說，除了更新庫存數量之外，這還將觸發生成零售商 SKU。

實際上，圍繞流程開發的基礎架構本身可能具有處理與發現功能。在諸如 Cloud Foundry 或 OpenShift 之類的平台上運行的分散式應用程式必須協調分配 IP 位址給應用程式中各個正在運作的軟體，使彼此能夠相互通訊。

在您自己的組織中尋找處理與發現使用案例時，請問下列問題：「在涉及的代理人是動態且不斷變化的情況下，我將面臨哪些整合挑戰？」；換句話說，追蹤問題領域中涉及的人員或對象的問題在哪裡難以擴展？流程可以在確保您的系統知道有代理程序加入或離開系統的方面發揮關鍵作用，並能正確分配身分以便每個代理程序可以被識別和管理為一個單獨個體。

有許多管理處理與發現問題的解決方案，如圖 6-2 所示。

1　有趣的是，您也可以採取相反操作：在架構中確定適用的流程模式，再確定哪些 Collison 類別適用。根據我的經驗，比起前面的模式，您更有可能了解要解決的活動，所以我選擇從 Collison 的類別開始。

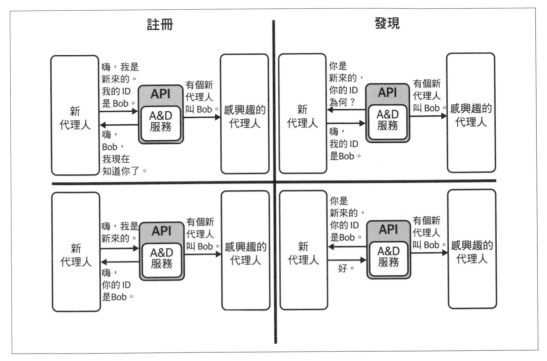

圖 6-2　處理與發現實施的簡易子集合

其中大多數看起來像是收集器模式或信號處理器模式。最簡單的處理機制是**註冊服務**，其帶有 API 服務，新代理可用來指示他們的存在且接收身分（如果有需要），如圖 6-2 左側的兩個例子。然後，該服務可以使用有關代理類型及身分的訊息事件發布到主題，供其他感興趣的服務及代理人使用。此為一簡易的收集器流程。

但是當發現的代理人無法呼叫您的特定服務 API 時，註冊服務會失敗（例如第三方設備，並且您無法控制代理人如何向系統宣傳自己的系統）。

因此，第二種選擇是利用**發現服務**來監視網路（或特定事件串流），以進行某些指示代理存在的特別傳輸，如圖 6-2 的右半部所示。然後，該服務要麼使用代理人自己提供的 ID，要麼迅速分配單一身分給該代理人[2]。有一些平台可自動化使用第二種方法，且看起來更像是信號處理器的流程模式。

2　IP 或 MAC 位址可用於此目的，但我不確定網路搜尋位址是否為通用識別碼。IP 位址可以更改，且這些識
　別符都無法描述所識別代理人的目的或上下文；但我相信新的身分認證方案可能會於此發展。

例如，來自 Swim.ai 的 Swim OS 是專門為直接從事件串流產生複雜環境的分散式數位模型而建構的。開發人員提供了一個用於依據特定串流中的事件所生成的「數位雙胞胎」（現實世界中代理人的計算機代表）模型，然後 Swim OS 識別串流中代表的所有代理；Swim 繼續根據事件串流中收到的更新，維護這些代理人的準確狀態模型。

如果您的使用案例有利於建立活躍狀態模型，則此方法非常強大（Swim.ai 定期報告指出，他們使用數量很少的基礎架構來管理巨大模型，例如拉斯維加斯之類的城市中每個交通控制設備的模型。）

當然，如果它沒有幫助，您不必建構狀態模型。在某些情況下，正確的做法是使來源服務僅從事件串流或其他網路流量中發現代理；然後該服務產生一個用於更新適當的資料存儲事件，並向有興趣對這些新代理採取動作的服務發出信號。

但是，擴展這類的發現服務可能是一個挑戰。一種方法是使用一組水平可伸縮的發現服務，但是挑戰的點在於如何處理重複的發現；佇列也可幫助傳入的發現爭取「緩衝」，直到下游串流程序可以處理資料為止，但擴展佇列本身也是個挑戰。

這裡有兩個重要的考慮因素：

- 您必須滿足監視新代理資料的潛在來源之需求。某些系統可能具有很高的建立、修改和銷毀代理速率。

- 您必須偵測到對新代理的重複發現，或者必須設計系統使其對重複具有彈性。如果系統由於錯誤使用代理身分而無法正確處理狀態更改，則資料分析與其他功能可能會變得非常不準確。

對於大多數發現較少、規模不太大的使用案例，這些問題很容易解決，並且無狀態發現方法通常也具有意義。

命令與控制

我曾將世界的活動連結起來描述流程，「活動」指的是「行動」。事件串流最有價值的用途之一，就是通訊發生在需要採取行動來反應的人員、軟體與設備上的事件。**命令與控制**用例是指將來源與決策關鍵和採取行動的服務相關聯的使用案例。

許多 IT 人員想到命令與控制的第一個事例,是工業工廠自動化中用於製造、能源生產以及許多其他應用程式的 SCADA(監控和資料採集)系統。在這些系統中,感測器、掃描儀和其他來源都連接到處理輸入資料、確定動作(如果有需要)並向機器或指示器發出命令的計算機系統。這些系統可以是高度專業化(例如,由專門針對特定製造機器或程序的供應商構建的系統),也可以是可編程的(例如,現代工業機器人中使用的 SCADA)。圖 6-3 是 SCADA 架構的範例。

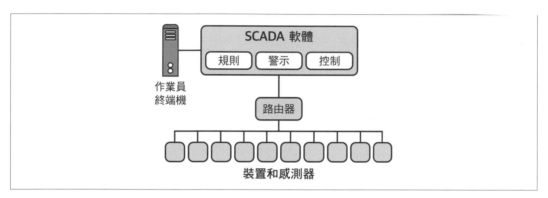

圖 6-3 SCADA 架構的簡單範例

但是,如果您從更抽象的角度看待 SCADA 系統,它們很大程度上是已調整為工業控制過程自動化系統。流程最能解決的問題範圍廣泛,從嚴格的、受監管的、生死攸關的控制系統到針對客戶服務或計畫的簡單業務流程;它們的共同點是被設計來協調許多人員、軟體服務或設備以完成任務。

這些過程在現代組織中無所不在,舉凡用於管理從工資單到車隊管理所有內容的計算機系統、制定時間表的醫療協議、影像處理到會計程序。在這些流程中確定流程用例的關鍵問題是,組織在哪些地方依賴於狀態變化的及時反應?以我的經驗,答案是:大部分都是。

集中式控制。 有多種方法可以查看利用流程管理的命令和控制。第一種是使用無狀態或有狀態服務的高度集中方法,如圖 6-4 所示。此方法從多個來源接收事件(可能在處理之前使用佇列來儲存事件),並套用即時分析與決策演算法於這些串流;再將事件輸出到可能儲存或顯示該分析結果的接收器,或者輸出給可能對事件採取措施的使用者。因此,命令與控制系統通常看起來像信號處理器,甚至是協助器流程模式系統。

這種方法相對較容易視覺化、編程和操作，因為從一個或多個來源到處理下一個消費者或消費者的串流移動路徑很清晰。但是，擴展這種方法並不容易，因為將正確的事件發送到正確的處理實例在今天可能是一個挑戰。幸運的是，有建構出多個雲端服務和事件處理平台來應對挑戰。

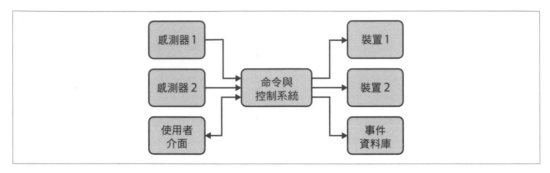

圖 6-4　集中命令和控制系統

一種簡單的方法是水平可伸縮服務，在其中並行使用多個相同的命令與控制服務。這些命令與控制服務僅讀取事件有效負載、進行處理並發送結果事件或 API 呼叫，而無需擔心其他服務實例間數據同步的問題。這種方法如紙上談兵般很容易擴展，從理論上來說，您可以添加其他服務實例，而不必擔心狀態管理。所有的狀態協調都是在來源或事件佇列中處理的，為處理器提供服務。實際上，通常還有其他挑戰（例如安全性或時序依賴性）使這種方法複雜化。

或者，通常存在需要即時了解整個系統中各種代理程序狀態的處理決策。例如，要在大都市交通中正確傳達公車的預計抵達時間，可能需要了解道路狀況、交通號誌，甚至是公車本身的當前運行狀況。在這種情況下，看一看有狀態的串流處理方法可能會更好，例如 swim.ai 或 Apache Flink。

借助有狀態串流處理器，平台可以建立某種狀態模型來表示串流中的資料，然後針對該模型執行操作。可透過更改狀態、於特定時間觸發的觸發器，甚至來自其他應用程式或服務的 API 請求來觸發操作。除此之外，這些系統還可以結合自動化任務，例如識別狀態實體之間的關係，以及為反應性活動或預測建立狀態行為的 AI 模型。

分散式控制。 集中構建命令與控制處理的另一種方法是利用邊緣運算的概念,我們在第五章曾討論過。在此模型中,如圖 6-5 所示,您可以將決策完全分配給位於相關代理人鄰近的系統,像是連結到同一任務的感測器與機器。這些本地化的命令與控制系統不僅能夠管理系統中全部事件流量的一小部分,還可以將更多匯總的資訊,傳遞給在多個邊緣系統之間協調的集中式系統。

即使此模式為信號處理器模式更複雜的形式,仍具有極強的可擴展性。這是自然界中模式本身用來處理複雜系統中的流程模式。該模式模仿了 Geoffrey West 在《*規模的規律和祕密*》中所說「有流程的系統」之自然縮放模式,即許多小卻高度局部化的流程連接成更大、更集中的流程,最終又結合起來形成非常大的核心流程;逆向流程用於管理從核心流回無論是何種流程的消費者,就好比思考「樹葉、樹枝、四肢、軀幹」或「毛細血管、次要血管、主要血管」。

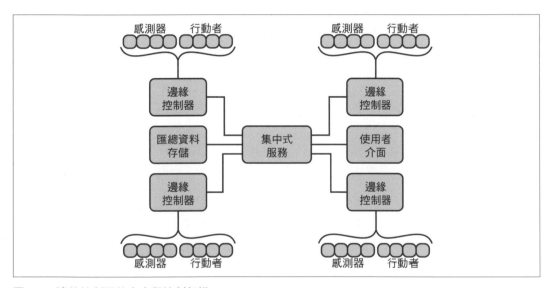

圖 6-5　邊緣控制器的命令與控制架構

在偏遠地區(甚至在商店、分支機構或生產現場,或是網路不太集中的位置如託管資料中心或電信公司的接入點(POP))中使用運算,是消除網路延遲的有效方法且還能啟動巨大的規模。如今,任何使用內容分發網路(CDN)或應用程式分發網路(ADN)的公司都已經對 HTTP 及 Web 應用程式進行此項操作;而且有許多公司已經在尋求透過事件網格和全球訊息傳遞平台等服務,來扮演協調邊緣部署之間、以及邊緣與核心資料中心之間流程的角色。

我認為在未來的十年中，會看到分散式模型的更多活動，因此建議在架構命令與控制系統時，要考慮到邊緣運算和分散式事件串流網路，然後就可以輕鬆地利用新技術。因為隨著新技術的出現及不斷地發展茁壯，系統的的發展性、營運或可觀察性已越來越簡化。

另外還有一件事，使用命令與控制系統，從處理中接收輸出的代理人可以與提供輸入的代理人相同。這種雙向對話可能含示更多訊息導向的傳遞流程（請參閱第 141 頁的「訊息傳遞與事件化」）；但是如果代理人不相同（例如，來自感測器的輸入與來自機械控制機制的輸出），那可能會發現您正在使用對流程定義更友好的事件方法。

查詢與可觀察性

這一類的**查詢與可觀察性**與**遙測與分析**，實際上是相同活動的兩種變體：詢問事件串流問題並使用該資料來理解行為。它們之間的區別在於被查詢或觀看的範圍。查詢與可觀察性專注於詢問和監控單個代理人或特定（儘管可能大規模）的代理組；而遙測和分析則著重於了解系統行為。

對於您想要關注的特定代理案例，問題主要是在定位正確的代理人（或多個代理人）並接收當前和（或）過去的歷史狀態，也許是基於某些過濾或選擇標準。查詢需要向代理人（或多個代理人）發送某種形式的信號，要求提供所需的特定資料。觀察性使用一個（或多個）代理人的「眼睛」來收集和處理資料，而不需要來自消費者的直接請求。

 我應該清楚在某種意義上，**可觀察性**作為一個術語的使用與今天的技術市場略有不同。我們不是只在談論營運資料，也不是在說「收集一切」的心態。Collison 在此使用該術語來表示對系統特定部分的觀察，即一個代理人或特定的代理組別。在本章的其他地方，我將努力把我使用的術語含義說清楚。

了解複雜系統之狀態的需求無處不在。交通系統必須監控其領域內每個路口的各個設備；護士站需要監控其病房中每位患者的生命統計數據；股票交易算法可能需要追蹤一小組相關公司的股價行為。您在限定查詢和可觀察性案例時要問的問題是，我什麼時候關心目前或正在進行的特定代理人狀態？

您可能想知道為什麼要使用流程來查詢代理。我的意思是，問一個物件的問題不正是請求－回應 API 的專長嗎？這是真的，假設每個物件都可以使用 API 呼叫的特定端點來定位，許多事件處理系統確實為此目的使用 API。如果您正在尋找與特定物件（即代理人）

之間的同步通訊，那請使用 API；但是，如果您有自己的動態代理人向系統聲明，且因類似規模、網路可用性的挑戰而需要異步通訊，請考慮使用事件串流來發起請求並接收回應。

未來的查詢服務甚至可以讓您做一些像是詢問在 GCP 上運行的代理有哪些、或者所有帶有「beta」標籤之代理人等的事情。如果發布和訂閱和事件路由功能由代表生產者和消費者的服務提供，那更為如此。此類服務可使用諸如主題和代理人之類的抽象來啟用對流程環境本身更複雜的查詢。

特定集合的代理人可觀察性（在用例意義上）可由兩種方式來處理。第一種是將進來的事件流量分類到佇列平台的目標主題中，這樣每個特定的代理人或代理集合都有自己的主題。這樣做的好處是只需要對進來的串流進行初步分類，以發布到目標串流。然而，根據環境的不同也可能產生大量的主題[3]。

另一種方法是消費者處理一個內含他感興趣的超級集合的代理事件串流，並忽略那些不是來自他所關心的代理事件。這需要消費者對每個單獨事件進行更多的流程處理（以確定它是否是感興趣的代理），但要使處理環境不需要進行額外的分類串流處理，也能夠具有最小數量的主題。

這兩種方法的結合也是可行的。一個處理器可以對事件進行最小的排序（例如，按地理或類型排序），並將它們放置在消費者的相應主題中。然後，這些消費者根據需要處理分類後的主題，在生產者方和消費者方的資料處理之間找到平衡點，此將是查詢和可觀察性案例的關鍵挑戰。

這種類型的處理現在大多發生在基於紀錄的串流處理環境中，以及其他選項包含傳統大規模的訊息傳遞平台與專門的串流處理專案，如 Apache Storm[4]。然而，AWS 的 Lambda 和 Step Functions 等無伺服器平台正迅速崛起，甚至成為更理想的替代方案。這裡的關鍵是要為進來的資料量，以及處理和分類這些資料所需的開銷判斷正確且合適的平台。

還有第三種可能是使用一個有狀態的串流處理器，透過處理器的技術來定位和觀察您想要觀察的狀態；但這些技術尚處於早期階段，在有狀態的串流處理器簡化此方法之前，可能還有重大挑戰需要克服。

3　這不一定是壞事，假設您擁有管理此技術和操作實踐的手冊。

4　有關使用 Apache Beam 大規模處理此類串流的絕佳指南，請參閱 Akidau、Chernyak 和 Lax 所著的《Streaming Systems》（*https://oreil.ly/IMPEk*）（O'Reilly）。

遙測與分析

串流媒體系統中資料處理硬幣的另一方面是系統分析，或者至少分析系統的一部分。**遙測與分析**不太關注具體的代理人，而是對某種類型的代理或甚至整個不同類型的代理網路行為更感興趣，這就是我們獲得即時「大數據」之見解的地方。

這是您在處理電子商務網站的真實用戶測量（RUM）資料時可能做的分析，其中瀏覽器性能數據是針對終端使用者請求的每一頁面上的每一個元素提供的。此乃一強大工具，可以理解從頁面性能到導航影響的一切。藉由將每個瀏覽器當作一個來源收集所有資料，並迅速視覺化及針對資料計算，RUM 系統能以延遲時間僅為 10 秒地提供最新使用者行為。

我第一次體驗 RUM 是以 SOASTA 產品副總裁的身分，這家公司既做大規模軟體測試，也做 RUM，並為兩者提供強大的近即時分析。SOASTA 會在客戶的營運中心設置螢幕，顯示使用者行為與頁面性能的資訊。RUM 改變遊戲的關鍵領域在於活動分析──確定促銷活動是如何影響使用者行為與銷售轉換的。

在使用 SOASTA 之前，許多公司不得不等待 24 小時或更長時間來分析活動資料，並以人類可消化的格式提供。然而，SOASTA 的圖表幾乎在活動啟動後能立即顯示行為的變化。在 SOASTA 將這些資料顯示在操作螢幕上的一週內，行銷執行主管就會要求他們的員工隨時在螢幕前，以防活動沒有達到預期效果時立即做出反應和修改。

這種對**系統**行為的即時觀察（此案例是利用電子商務網站的客戶系統，以及該網站背後的所有應用程式與服務）對於努力在價值和服務上相互競爭的公司來說，是巨大的競爭優勢。採用即時方法的公司已看到活動結果有明顯的改善。

遙測與分析還有非常多的使用案例，由龐大的大數據市場（2020 年達到 1389 億美元（*https://oreil.ly/4BChs*））已證明了這點。銷售分析、財務分析、計算機操作監督、體育直播統計與大規模庫存管理都是一般的處理形式，**可以**用批次處理來完成；但若能近乎即時地更新，就會更有價值。

關於遙測與分析，要問的問題是，需要哪些洞察力來理解發射大量資料的代理系統之新興行為。幾乎每個中型或大型企業都有這類問題，而且我認為許多企業還需要來自合作夥伴、客戶或外部實體的數據。

「查詢與觀察」以及「遙測與分析」的實現通常看起來像收集器或分配器模式的系統。當代理人傳送事件到單個下游消費者時，將使用收集器模式；而當單個（或非常小組別）代理人提供的事件被分配給許多不同的消費者時，則使用分配器模式。當然，在被許多消費者使用代理事件的情況時，看起來更像信號處理器模式。

雖然今天的大數據市場大部分是由像 Map-Reduce（*https://oreil.ly/ssx6o*）這樣的批次處理方法主導，但有個較新穎且基於串流的方法正迅速發展，其市佔率也在增加中。正如第四章中提到的，Apache 軟體基金會有幾個為串流分析而建立或調整的項目，有些項目可以同時進行批次處理和串流處理，並以儀表板或其他容易讓人理解的形式呈現結果。IBM、SAP、VMware 和主要的雲端運算供應商等主要技術公司的商業產品也越來越多。

然而，我也認為，對於這類的使用案例必須考慮有狀態的串流處理引擎（如 swide.ai 或 Apache Flink），因為它可能是將分析與行動相結合的最簡易方式。使用數位雙胞胎模型可以讓每對雙胞胎評估自己的情況並採取必要的行動，但它也允許其他代理人幾乎無所不能地行動，同時從眾多雙胞胎中收集資料並作出反應。然而，對於這些產品來說，現在還為時過早，所以我相信有狀態處理器的可能性是科學的且仍在發展。這可能是有限的使用案例，但我所見過的早期工作說明它們的效用可能是廣泛的。

建模流程

上面的使用案例類別對於辨別組織中事件驅動的應用程式和流程的機會是很有用的。然而，許多複雜的活動無法用簡單的例子定義，而且通常一個組織甚至不完全了解這些活動的構成。理想情況下，我們希望有一種討論商業流程或其他行動串流中的事件與事件流程的方法，來了解參與流程的各種人和系統是如何溝通狀態變化及活動。

我發現一種特殊的建模方法——事件風暴，特別適用於此目的。事件風暴是指工作功能透過「事件」來溝通促進對話，可以用來將複雜的商業流程對應至簡易事件串流的概念。這種建模方法是團體行動完成一項複雜任務所需的事件時間表——無論是商業流程、網路應用程式中的使用者操作，還是其他由多個實體共同實現目標的「活動」。此外，事件風暴還能促進對影響該事件流程之人員、系統、命令和政策的理解。

我將在下一頁的專欄中告訴您事件風暴是如何在抽象層上運作的，但我無法涵蓋到所有項目，這裡描述的大部分內容在 Alberto Brandolini 的《*Introducing EventStorming*》（*https://oreil.ly/X6W2w*）中也有描述[5]。

5　Brandolini 創造了事件風暴流程，在他的事件風暴（*https://oreil.ly/ejaVL*）網站上有許多闡述該做法各方面的影片和文章。

事件風暴的宏觀描述

事件風暴是一種高度互動的努力過程，它將主題專家聚集在一起，判斷流程或系統中的事件串流。建議的步驟如下：

1. **確立您想要在事件流程方面建模的商業活動。**這可以是任何過程或複雜的活動，在這些活動中，多方必須互動和交換資訊，以便從一個起始條件得到一或多個理想結果。

2. **提供足夠大的空間來主持一個相當大的會議。**房間裡至少要有一面牆，建立一個長且連續的工作空間——也許是一片長白板，或是至少 20 英尺長、可以在上面黏貼長條狀的紙（例如棕色包裝紙，越長越好）的區域。另外，線上的虛擬白板如 Miro，也可以很好地發揮作用，特別是如果參與者必須遠端工作時。

3. **邀請關鍵利益相關者參與討論。**包括業務領導及其貢獻者，他們充當手頭問題的專家。還要邀請那些需要吸收和翻譯這些專業知識的人，如使用者體驗設計師、軟體開發人員和軟體架構師。

4. **開始時，要求小組確定出對該商業活動感興趣及需要的事件。**換句話說，寫下（傳統上是寫在橙色的便條紙上）哪個活動表示著整體活動中的一個步驟已經完成了。例如，在電商的「結賬」過程中，可能會包含諸如「添加項目到購物車」或「客戶表示要為購物車中的項目付款」。

5. **沿著從最早到最近的行動時間線，將橙色便條紙黏在牆上的工作板上。**在您這樣做的時候，可能過程中會有一些爭論，但這是好事。您可能會修改所需的一系列事件以及發生的順序，作為最終結果。

6. **捕捉事件流程時，請一定要捕捉以下內容：**

   - 現實世界中流程的影響因素是什麼，例如產生或消費事件的使用者（黃色便條紙）或是外部系統（粉色便條紙）？

   - 這些影響因素可以在底層系統（應用程式、服務或人工活動）上用什麼命令來呼叫啟動事件？

   - 當事件發生時，哪些策略會被啟用（紫色便條紙）？策略可以是作為事件發生時必須要做的任何動作，一個策略通常會啟動一個新命令。除非該事件是為使用者或外部系統產生輸出之外，否則事件總是會產生策略行動。

   - 事件流程的輸出是什麼？事件在哪裡產生提供給使用者或外部系統的資訊？如果有必要，請大致勾勒出該輸出的背景。

7. **建立模型時，請確保您捕捉並強調目前流程中任何關鍵的限制因素，或懸而未決的問題（深粉色便條紙）。** 在建立事件風暴模型的討論中，經常會發現一些隱藏的限制和挫折。

當您完成這個過程時，您的白板看起來會有點像圖 6-6。

圖 6-6　一個大型組織內事件風暴的討論實例

此模型從多重角度來看是有趣的：

- 它將揭示出組織實際工作方式的許多情況
- 它將有助於優先考慮您所捕捉的流程中需要改變的東西
- 它將確定與外部系統的整合，這對組織的工作方式至關重要

當然，與外部系統整合的最後一點，是找到流程機會的地方。當此整合偵測到來自外部系統的事件時，如收到一個新訂單或感測器檢測到一個異常的數據，流程就明顯地產生了。然而，如果整合是向外部系統發送信號，您將需要決定系統是否需要立即反應；如果需要，則請使用 API 進行整合。另外，如果您只是異步傳輸資料（無論最終是否期望得到回應），請使用事件或訊息驅動的方法。

流程的「事件優先」使用案例

在確定了幾個使用案例後，您的注意力應該轉向如何建立系統來滿足這些需求，應當選擇的架構在很大程度上取決於幾個因素，包括：

- 系統的功能要求，含所需的流程處理、資料保留與使用者互動
- 系統的規模要求，含事件的使用量、所需的處理量，以及事件的發布量
- 系統的彈性要求，含服務水平承諾、性能要求，以及架構的持續適應性

我們很幸運的是，有幾種基本的支援大規模串流應用程式的基礎架構模式已經發展起來。核心技術架構的差異與事件的性質有關，正如我底下所闡述的。我從 Clemens Vasters 那裡借用了這些因素，他是微軟 Azure 訊息服務的首席架構師。

2018 年在 Voxxen 雅典會議上的演講中，Vasters 概述了處理不同的基於事件和基於訊息之場景中所需的不同架構。正如他在演講中所說的，不同的使用模式需要截然不同的架構，這也部分解釋了為什麼微軟 Azure 提供多種訊息與事件處理服務：

訊息傳遞與事件化

　　事件僅是廣播事實給感興趣的人消費（Clemens 稱之為事件化），或是圍繞在意圖的必要性互動，來與消費者進行對話（Clemens 稱之為訊息傳遞）？

離散事件與事件系列

　　對於事件化來說，事件是一個獨立的通訊（是離散的），還是只有在包含其他事件的背景下才有用，例如，一系列的事件？

單一動作與工作流程

　　如果對離散的事件作出反應，處理過程是對每個事件做一個簡單動作，還是需要一組相關的動作（工作流程）來完成處理[6]？

圖 6-7 說明了這個決策樹。請記住，這裡沒有硬性規定。例如，讓一個工作流程在一系列的事件上工作是有可能的；然而，正如我接下來要描述的，這種方法有一些堅固的架構，可以彎曲來滿足那些不尋常的需求。

6　Clemens Vasters，「Voxxed Athens 2018──Eventing，Serverless and the Extensible Enterprise」，2018 年 6 月 12 日，YouTube 46 分 49 秒的影片（*https://oreil.ly/bea1B*）。

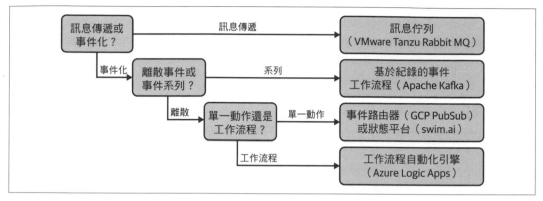

圖 6-7　事件架構決定樹

我將逐一介紹這些考慮因素,並進階地描述支持性架構。我想說明的是:具體技術或實現的詳細藍圖已超出本書範疇。然而,在可能的情況下,我會參考更深入的資料。我的目標是給您一個路線圖,告訴您如何利用目前可用的技術建立適合您的事件串流所需之流程解決方案。

訊息傳遞與事件化

在評估應用程式的流程時,要確定的第一個因素是,您是否期望與事件的消費者進行雙向對話,或者只是傳播相關資訊給感興趣的人。微軟的 Vasters 將前者稱為**訊息傳遞**,後者為**事件化**。

雖然到目前為止,我使用**事件**這個術語的方式可能會有一點混亂,但我喜歡它。我認為許多技術專家會很快了解訊息傳遞構和事件化架構之間的區別。訊息傳遞意味著有一種圍繞任務進行合作的意圖,而事件化則專注於從生產者到消費者間溝通的事實。這些差異根本影響了每個支援的整合形式,包括生產者和消費者之間的耦合,用不同的術語來標記這兩者有助於突顯出差異。

出於我將在第 143 頁的「事件化」中解釋的原因,低耦合的連接更容易被使用,因此我認為是建構流程的首選方式;然而,訊息傳遞整合也有可能很簡單地受到支持。現在談流程的使用將如何發展還言之過早。

我們先從探索訊息傳遞和事件化的關鍵架構開始吧!

訊息傳遞

當生產者和消費者進行相互協調活動,並期望交換像是「您的資訊已收到」或「我已完成您要求的任務」這類的資訊時,使用訊息傳遞是正確的方法。在這種情況下,生產者和消費者都需要至少保持良好的狀態,以了解他們在彼此對話中的位置,如圖 6-8 所示。

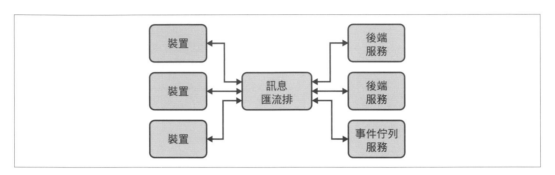

圖 6-8　訊息傳遞架構

訊息架構是強大的工具,但與事件化相比,它們有規模上的限制。即使做得很好,訊息傳遞系統也必須管理狀態,以便了解各種對話的當前狀態。然而不幸的是,分散式訊息管理所需的分散式狀態管理並不能避免錯誤或不一致的情況。

最好的架構能盡量減少錯誤發生的機會,並在錯誤發生時提供機制來恢復。現今的平台實現了一些技術,如根據訊息特徵(如交易 ID)將主題的資料在幾個實例之間進行排序(稱為**分片**),使用共識機制來達成多個實例當前狀態的協議,或推動所有實例的最終狀態一致性,即使它們在短時間內是「不正確」。

這些所有活動(出錯時會創造彈性)都會產生處理週期與網路延遲,影響系統在合理時間內可以安全處理的數量。這就是為何一些超大規模網站如 Facebook 和 Twitter,在達到數百萬或數十億的消費者時會極力減少這類互動傳遞訊息之形式的原因之一。

坦白說,大多數企業不需要以這種規模來操作他們的資料串流。標準的訊息傳遞架構本是好的,即使是與外部組織整合;然而,那些可能產生或消費大量訊息的企業(以每天數十億或數萬億事件計算)將需要建構他們的系統,以盡量減少對分散式狀態管理的依賴。事實上,大多數人可能會採用其他種形式的事件管理來代替。

實現大規模訊息處理的一種有趣方法是納入邊緣運算（如圖 6-5），協調代理訊息傳遞的需求可於本端匯聚一起，如此便能實現我們之前討論的「主幹－肢體－分支－葉子」模式。使用專用於代理的訊息匯流排，將相關代理人（如設備或使用者介面）之間的訊息傳遞本地化，這就把訊息分配隔離到那些代理人所使用的伺服器與訊息匯流排上。透過將訊息匯流排伺服器放置於資料中心或其他與代理人（又稱「邊緣」）之間有低延遲連接的運算設備中，甚至可以提升比集中式管理方案更高的互動效率和效能。

如果您需要在邊緣環境之間傳遞訊息，邊緣服務可以向核心服務交換經過濾或匯總的活動，大大減少原始代理和核心之間的流量。然後，核心服務就能只專注在採取協調邊緣環境所需的行動。另外，現在有一些開始探索在邊緣實例之間直接交換事件和訊息的環境；但其最大的缺點是，要它提供總體數據分析會變得更加困難。

 邊緣似乎比集中式方法效率低的一個例外是，系統必須記錄每個代理方發送的每個事件。然而，利用邊緣運算可以使您在本端（邊緣）即可採取行動，然後再將事件轉發到核心區進行存儲，如此一來延遲問題就會小很多。

如果您的案例是可以這樣視覺化的，那邊緣運算能帶來巨大的規模。我的猜測是，許多與您整合的系統（例如，複雜的設備和感測器）在發布資料串流之前已經做了大量的處理，可以想像 WWF 的大多數生產者也會這樣做。這將優化生產者與消費者之間的對話，並使協調狀態的需要降到最低。

因此，如果您正在為訊息傳遞建立一個流程就緒的應用程式，那麼「主幹－肢體－分支－葉子」模式將是關鍵的工具。在設計任何這類的應用程式時，都應該預先考慮此模式。好消息是，這種模式似乎對發布或訂閱資料串流所需的介面和協議沒有任何直接性影響，因此，如果出現了流程友善的訊息傳遞選項時，您應該能夠相對容易地採用。

事件化

串流媒體應用的另一種主要形式是訊息傳送，但消費者對生產者幾乎不需要有任何回應。這種模式專注於信號上，最常見的應用諸如警報、通知、簡易狀態更新，以及其他在生產者只需要提供資料，但卻可以忽略消費者狀態或活動的情形下。

這種信號（從生產者到消費者單向傳遞的通訊）對流程有一個非常重要的特性：生產者和消費者之間的連接要比訊息傳遞的連接較鬆耦合。消費者可以在不影響生產者日常運作的情況下與生產者連接或斷開連接，沒有被遺留的交易，沒有於途中被拋棄的處理程序；生產者也不用保持開放的連接來監聽消費者的訊息。

此鬆耦合是一種理想的環境,消費者在其中可以隨心所欲地進出並使用串流,如果他們選擇不繼續的話,幾乎不會有什麼風險;而且,如同我們在本書的前兩章中所確定的,這種風險的降低正鼓勵在流程架構上新價值的爆發。

如果您決定追求事件架構,下一個問題是如何使用串流中的事件。

獨立事件與事件系列

事件消費有兩類,它們需要兩種不同的架構來支援。第一類是**獨立**事件,其中每個事件都是獨立的,與同一串流中的其他事件沒有任何關係。獨立事件只是攜帶一些關於事件所代表的基本背景,直接包含有效負載,或者提供一個消費者可檢索有效負載的 URI。

事件化應用程式可支援的第二種形式是一**系列**的事件,其中將相關的事件排在一起,而事件元資料可能包括連接這些事件的資訊。此類應用諸如股票行情、氣候數據追蹤或健保監測等,在這些應用中,事件的歷史與最新的事件本身一樣重要。

獨立事件

真正的獨立事件串流是單行道,流量僅能從生產者流向消費者。這在技術上最大幅度地減少了生產者除了向所有請求事件的訂閱者發送事件之外的其他需要。生產者對消費者的了解,除了他們的訂閱之外,一般來說是最小化或是消除的,這反過來又使生產者能夠以最小的努力在高規模下運行。

事實上,對任何事件串流的負責任的管理需要更多的努力。在現實世界中,應用程式和組織仍然有他們需要管理的承諾,例如:

- 生產者可能向消費者承諾,將出於審查目的維護事件歷史。
- 生產者可能向自己的應用程式承諾,至少有一個消費者會收到任何特定的事件。
- 生產者可能向消費者承諾,如果消費者被傳入的事件所淹沒,它將調節事件流程的速度。

在特定情況下,這些需求都是完全有效的,但每一個都會影響到系統的擴展能力和發送事件時可能出錯的數量。

對我來說,在處理獨立事件時,考慮到流程的關鍵想法是絕對能減少生產者與消費者之間的承諾。在理想世界中,您的串流會簡單地承諾在事件可得時就會立即發送。如果消費者已經準備好要聽這個事件,那就好了;但若還沒,那就是消費者的損失,而不是生產者的問題。

說到這點，有許多支援獨立事件的架構原則，但最有效的是生產者在事件可用時將其推送給消費者。所謂推送，是指生產者透過連接發送事件，而不需要消費者採取任何額外的行動，消費者只是在事件發布後接收它。

我在接下來的「單一操作與工作流程」部分會描述處理獨立事件的兩種關鍵架構，但讓我捕捉一下適用於這兩種架構的有趣之處。在這兩種情況下，推送模型須要求事件生產者知道如何發送事件到消費者端。

一旦一個事件被生產者指定給某一組消費者（例如被發布到事件佇列中的某個特定主題），就可推送訊息給消費者服務，這些服務將以兩種方式之一處理該事件。第一種是生產者（或代理人）被設計成簡單運用資料呼叫特定 API，並且只允許支援該 API 的消費者訂閱該主題。但不幸的是，這迫使消費者服務在生產者改變該 API 時需要重新部署。

一個對流程更友善的選擇是，消費者向生產者提供一個發送事件的機制。簡單地利用 Webhook（*https://oreil.ly/EK0ds*）協定提供一個 URI 來實現，該協定是為 HTTP 世界中類似的需求而建立的。Webhook 使用回呼函式的概念將行為注入其他應用程式中，允許後者在某些事件發生時向前者發送資料。這對此類型的應用程式來說是完美的，且還能擴展以滿足未來的流程需求。

回呼函式的編寫是為了使它們能夠獨立於服務本身進行更新與部署，使消費者和生產者去耦合。任何能夠讓組織透過流程整合獨立做出決定的方法都會勝過被迫要協調的方案；因為協調是昂貴的花費。

還有另一個有趣的技巧，如果您想要推高規模，而您的消費者只需處理他們收到的少數事件（例如，他們過濾了某些條件），那您可以藉由將事件中的有效負載替換成 URL 來提高網路效率。此 URL 是一個 API 呼叫，如果需要，它將可檢索有效負載。生產者發送一個帶有元資料和數據 URL 的小事件，而消費者評估元資料。如果元資料表明需要一個行動，消費者就可以呼叫資料檢索的 URL。

是否要包含有效負載資料，在很大程度上取決於所發布的事件量，以及應用程式的安全及延遲要求。發布率必須擴展到非常高數量的應用程式可能會受益於無負載事件的處理與頻寬節省。對安全性敏感的應用程式而言，如果事件需要廣泛廣播，但有效負載資料只能與授權方共享，也可從這種方法中受益；然而，發布頻率較低的事件串流，或需要立即處理事件狀態的串流，將有效負載嵌入事件中可能會更有效率。

我們將在第 147 頁的「單一操作與工作流程」探討兩種處理獨立事件的模式。

一系列事件

為支援處理各系列事件會產生一些不同的需求，因為客戶往往需要檢索事件的範圍，以建立或更新他們正在分析的系列。這更像是一個拉動模型，意味著消費者必須採取行動，從生產者那裡檢索事件。這也要求生產者維護一個活躍的歷史事件（由生產者決定的某個時間範圍），並為需要的消費者提供請求一系列相關事件的機制。圖 6-9 顯示了一個簡單的事件系列拉動架構。

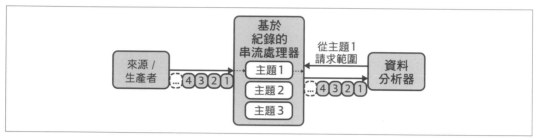

圖 6-9　以拉動模型處理事件系列

事件系列應用程式是基於紀錄的佇列閃耀的地方。基於紀錄的處理器按照時間順序維護事件的歷史，能夠利用主題與主題劃分將事件分類到指定的佇列中，並提供介面來定位相關事件的範圍。這使他們能夠以巨大的規模來處理和分析事件系列，例如 LinkedIn 使用 Apache Kafka 每天處理超過 7 兆條訊息。

基於紀錄的佇列對於滿足事件序列的需要是非凡的，因為它們維護事件的順序，此乃事件序列中有用的關鍵條件。雖然尋找平均值或中位數可能不需要那麼依賴於順序，但大部分的分析都是尋找數據中的模式。哪裡有重複發生相同的事件序列？在造成錯誤的行為或是理想的結果（像是購買）的事件串流中，是否有觀察到相似之處？我們能否根據一個事件串流的最近歷史，確定觸發不同行動的機會（透過事件或其他方式）？

因此，圍繞事件建立的機器學習模型需要的不僅僅是一個從串流中所接收到的數值資料庫，它們還需要知道事件的順序。當然，這可以透過維護所接收到的事件值資料庫來實現，但是基於紀錄的佇列可以為事件值及事件序列發揮「紀錄系統」的作用，特別是對於既需要最近事件又需要了解最近接收到的事件歷史之系統[7]。

7　在此鄭重聲明，有狀態的串流處理器也有一些有趣的方式，也可基於歷史來應用機器學習。然而，對於許多應用來說，能夠重播事件的順序是很重要的。

Confluence 是一家提供 Kafka 商業發行版的軟體公司，也是 Kafka 開源項目的主要維護者之一，Confluence 提供 ksqlDB——一個直接連接到 Kafka 主題的事件資料庫，使您能夠用熟悉的 SQL 語法制定關於事件系列的查詢。如果您需要處理大量的事件系列資料，像 ksqlDB 這樣的資料庫可以節省數小時的開發時間。

當然，您也可以簡單地將您的事件串流直接轉存到所選擇的關聯資料庫中。但是如果您想根據異常情況或超過已知限制的數值來觸發行動，查詢資料庫並不是獲取最新事件的最佳方式。這就是為什麼基於紀錄的事件處理平台如此受歡迎，甚至在擁有完善的基礎資料設備的組織中亦是如此。

其他形式的事件系列處理可能需要新抽象來簡化，如機器學習模型的即時訓練或數位雙胞胎模型的狀態處理。我預計在未來幾年內將看到事件系列處理方面的大量創新，包含新抽象與處理器。

單一操作與工作流程

在獨立事件應用程式中需要考慮的一個關鍵面是，通訊是發生在單一的活動（如註冊買進或賣出股票的請求）內，還是在含有多重步驟的某個程序中（如處理保險理賠）。單一行動需要單個處理操作來完成，像是函式或 API 呼叫；而工作流程是對一個事件的回應，需要多個處理器或其操作之間的協調。

要考慮這種區別的原因是，這兩類的行動有不同類型的處理器服務與平台。透過了解選擇哪種形式的架構或服務，開發人員可以為自己節省大量的額外工作。

在我對流程的願景中，我相信對獨立事件的回應將是流程最常見的實現形式。它允許從生產者到消費者（或其各自的代理人）的推送式事件傳輸，且允許消費者在不與生產者進行任何協調的情況下採取行動。因此，我認為在這裡概述的技術將是實現流程消費者的主導技術。

單一操作

當消費者接收到一個獨立事件時，需要做的第一件事是將事件路由到適當的處理器以採取行動。每個公共雲端供應商都有提供執行此操作的服務，包括 Azure Event Hubs、Google PubSub 或 AWS EventBridge，這些服務可以被設置為評估您的事件並將其引導到適當的處理器。

如果您不使用公共雲端來處理事件，Kubernetes 社群有 Knative 平台，其中包含 Knative Eventing（ *https://oreil.ly/n9mDG* ），Knative Eventing 提供了將事件路由到適當的處理器進行處理的工具，包含 Brokers 和 Triggers。

建構單一操作處理器的消費者可以利用公共雲端供應商及 Kubernetes 提供的強大新工具，此為我們在第四章所討論的無伺服器平台。這些服務使開發者能夠編寫和部署回應事件的函式，而不需要對容器或虛擬機進行任何管理。如第四章所述，開發者只需部署功能，其餘的由底層雲端或平台來處理；另外，Knative 也能實現函式的開發和部署。

因此，實現獨立事件處理器的最簡單方法是建立事件路由器，將適當的事件發送到訂閱函式的佇列中，或者直接發送到可以對事件採取行動的函式。使用這種方法透過流程連接處理事件時，唯一的挑戰是確保事件路由器和相關的函式能夠讀取事件內容。我在圖 6-10 說明了事件路由器向函式服務傳遞推送事件的一個簡單模型。

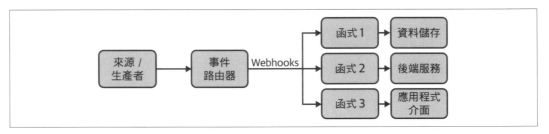

圖 6-10　利用事件路由器與函式進行推送式獨立事件之處理

然而，此模型有一個重要的選擇。如果您想在每個獨立事件的處理過程中追蹤狀態，最好選擇一個有狀態的串流平台如 Swim.ai。如第 127 頁「流程使用案例」所述，數位雙胞胎模型改變了事件處理的基本形態，從一系列的步驟變為由代理人獨立決定何時採取行動的反應性網路。如果您的事件處理需求需要為發送事件的元素保持準確的狀態，這可能是更好的架構選擇。

工作流程

工作流程可追蹤一個流程的狀態，因為它是從一個步驟到另一個步驟。出於此原因，像是機器人流程自動化平台或雲端服務（如 AWS Step Functions 或 Azure Logic Applications）的這類流程自動化系統，可以大幅簡化創建和管理獨立於該流程中所採取之行動的流程定義。這些工具提供了建立流程定義的視覺化方式，部署和監控流程的功能，以及隨著流程定義的發展儲存與控制版本的方法。

圖 6-11 是一個處理事件的工作流程服務範例。

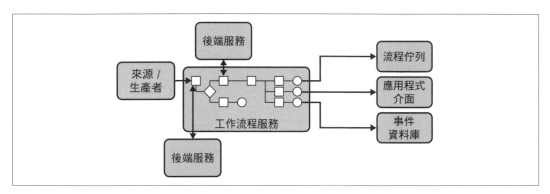

圖 6-11　獨立事件的工作流程處理

有狀態的串流處理器非常適合於複雜的代理組逐個事件採取行動；而工作流程引擎則非常適合透過多個相互依賴的操作來處理一個事件。像前面提到的保險理賠處理或醫療分流系統，甚至可能需要工作流程等待另一個相關的事件，或人為表明他們已經採取了某項行動。

您可以藉由把函式和佇列串起來實現這樣的目標，但一個好的工作流程引擎允許您把一個由事件觸發的過程定義為一系列要採取的步驟（通常有某種視覺化的過程模型）。這樣做的好處是將流程定義與在每個流程步驟中採取操作的應用程式和服務區分開來。對整合而言，這有額外的優勢，即允許第三方採取操作。

這些基於工作流程的處理工具越來越多被用於複雜的無伺服器上，因為它們可以在明確定義的流程定義範圍內對事件路由做出條件性決定，出於這個原因，我預計這些平台和服務將在建構流程就緒的應用上扮演關鍵的角色。

驅使流程邁進

最後，我想透過分享一些您現在可以做的事情來幫助建立一個可預測、經濟上可行的 WWF 來結束流程的探索。我相信，今天在商業和技術領域剛剛起步的人將成為未來的流程先鋒，許多行業的老手也將開拓前進的道路，您和您的同行有機會在未來的幾年裡塑造流程。

除此之外還有很多工作要做。在第五章中，我列出了一份有待解決的技術挑戰清單，首先是識別、驗證和標準化整合基於事件的通用介面和協定。可擴展性、安全性、復原力、可發現性、貨幣化……這些需求的清單不勝枚舉。本節將探討一個人或組織今天可做的一些事情，以便在這些問題的最終解決方案中發揮作用。

但這不僅僅是技術問題。如果沒有一個串流市場來推動實驗、改進和創新，事件驅動的整合就遠遠達不到流程的願景。如果您的組織看到了從流程經濟中獲益的機會，那可以在未來幾年內採取行動，確保有可發展的市場。我將介紹一些可啟動流程的網路效應方法。

更重要的是，我希望這本書能在市場上推動一場關於我們想從流程中得到什麼的對話，而不僅僅是實現流程的技術規範。如果您覺得這本書的某些內容令人難以置信，缺乏重要的細節，或者甚至錯過了流程所帶給人的非凡機會，我完全可以坦誠地說，這並不會影響我。如果您這樣做了，我希望您能深入探討未來十或二十年內科技界與商業界之間的對話，幫助塑造流程的真正未來。

同時，讓我們深入了解**今天**您能夠做些什麼。

驅動技術發展

正如我所指出的，第五章闡述了我對流程如何從現今技術中發展的想法。用整整一章的篇幅來介紹 WWF 所需做的一切，此一事實應已充分說明擺在我們面前的所有需求和機會。這就是為何我相信流程技術可能是未來十年的絕佳創業機會之一，儘管一些技術的市場發展可能需要一點時間。

首先我們來看看今天技術專家可以加入的有組織活動，這些活動很可能會影響到流程。這並不是說任何技術都能保證成為未來的獲勝技術；相反的，我將討論的技術和其他項目對正在進行的流程對話產生重要影響，至少在幾年內是如此。在我看來，我還會點出一些需要組織的活動，希望技術專家能夠感興趣來解決這些問題。

今天開始，您會發現自己參與解決技術和經濟問題，至少會看出哪些方面並不能滿足流程的需要。那些從這些失敗中學習和適應的人，將在流程市場的發展中處於有利地位。

標準機構

可以肯定的一點是標準對流程的重要，儘管我不認為有任何一個機構可以將這類型的標準強加給市場。推動流程的因素必須靈巧地、機動性地發揮作用。它必須適應和改變，因為市場已經清楚它要從流程中獲得什麼；但我相信，有一些標準工作認同此觀點，並準備在必要時進行調整。

我也相信不是只有一個規範對流程標準的最終形式很重要，所以如果您認為我在這裡提到的某項努力嚴重不足，歡迎規劃提出替代方案。我唯一的要求是，在創造競爭之前，您們要認真考慮現有的努力，因它實際上反而可能會干擾市場迅速達成解決方案。

也就是說，今天所有致力於流程相關問題的主要標準機構都在定義協定：

- 網際網路工程任務組（IETF）管理著我們於本書中討論過的幾個關鍵協定，包括 TLS、WebSockets 和 HTTP——這些都可能在流程中發揮關鍵作用。

- 結構化資訊標準促進組織（OASIS）負責維護 MQTT 和 AMQP，這兩者協定已分別成為物聯網和訊息傳遞的關鍵標準。

- CNCF 無伺服器工作組管理 CloudEvents 規範，是當今最強大的候選者。它透過幾種傳輸協定的事件通用元資料協議，同時還領導一項定義支援 CloudEvents 的訂閱和發現介面規範之工作。

舉凡事件有效負載、貨幣化機制或其他任何需要生產者及消費者（或者是生產者或消費者群體）之間達成協議的新標準可能來自產業聯盟、貿易團體，甚至是政府單位，正如我們將在第 154 頁「驅動流程網路」加以討論的。

然而，我想指出標準工作的一個弱點。這些組織可以投入極大的努力來定義甚至是原型設計和測試機制，以解決關鍵問題；但如果存在這些問題的供應商和終端使用者不採用該標準，那麼這一切都是徒勞的。

開源項目

由於標準工作的這種限制，我們可能會看到流程方面最重要的發展來自於共同創造和採用運行程式碼的開發者社群；換句話說，即來自於開源項目。開源項目為我們提供許多平台和其他工具，推動了今天事件驅動的應用程式架構發展。如果一個（或兩個）開源項目定義了（至少在很大程度上影響所有人最終在 WWF 上採用的）介面與協定，一點也不會覺得奇怪。

事實上，世界上通用的 HTTP 瀏覽器可以說是一個說明開源項目在過去如何推動協定標準很好的例子。雖然 HTTP 是由 Tim Berners-Lee 和歐洲核子研究組織（CERN）的工作人員在 20 世紀 90 年代初定義的，但它的演變很快就被 Netscape 和 Mozilla 等公司所接受，這些公司遂利用開源項目來建立他們的瀏覽器與網路伺服器 [8]。

8　微軟也扮演關鍵角色，儘管他們的影響是最近才透過開源軟體得到的應用。例如，Explore 瀏覽器有 20 多年的專利權，但今天微軟使用開源軟體作為其 Edge 瀏覽器的核心。

隨著開發者和終端使用者對 HTTP 新功能的需求增加，該瀏覽器在提議、協商和實現新的協定功能方面發揮了關鍵作用。今天，許多關鍵的瀏覽器功能，如影片播放與各種互動性控制，部分是由開放原始碼項目首次展示的 HTTP 協定變化所提供。

有許多方法可以分解目前正在進行的超過 18 萬個開源項目，但也許可以從兩個在事件處理與佇列中發揮最核心作用的基礎開始：

- Apache 軟體基金會，擁有十幾個處理、排隊或存儲串流資料的項目，其中一些項目包括：
  — 用於紀錄為主佇列的 Apache Kafka 和 Apache Pulse
  — Apache Beam、Flink、Heron、Nifi、Samza 和 Storm，用於串流處理
  — Apache Druid 作為「串流原生」資料庫
- Linux 基金會，特別是其子組織 CNCF，運行著許多針對事件串流的項目，包含：
  — gRPC，是一個越來越流行的 RPC 框架，很可能在未來的任何流程介面中扮演重要角色
  — NATS.io，一個雲端原生的訊息傳遞平台
  — Argo，一個基於 Kubernetes 的工作流程管理員，理論上可以作為事件驅動之流程自動化的核心
    當然，CNCF 還管理著擁有 CloudEvents 標準規範的無伺服器工作組。

有許多開源項目並非由這些基金會管理的，因此，重要的是要留意看起來對流程有用的項目之興趣。那些能夠滿足我們在第二章中討論的需求類別中的空白項目將是很好的開始。我發現 Twitter 和 LinkedIn 的組合最能幫助找到這樣的項目，但也有人使用 Facebook 甚至 GitHub 來發掘能滿足重要需求的新技術。

如果您找不到符合需求的項目，或者對某個項目的發展方向不滿意，可以隨時開始自己的開源項目。如果要這樣做，建議您至少在開始的時候利用 GitHub 作為程式碼與項目描述的「紀錄系統」。大多數開發者會先在那裡尋找項目，而一個定義明確的、急需的項目可以迅速吸引一批願意幫助持續開發的開發者。然而，請記住，大多數開源項目會停滯不前，往往是因為它們未能找到使用者社群。

創業精神

如果您有一個偉大的想法，而且相信您能滿足人們對流程的需求、人們會給您很高的報酬，那麼我由衷鼓勵您嘗試創業，建立一個能夠將您的想法推向市場的公司。無可否認的，創業並不適合每一個人——有時會很辛苦，而必須對自我要求甚高——但是有很多方法可以建立一個公司，也有很多方法可以從聯合創始人、投資者、客戶，甚至整個軟體社群獲得支持。如果您自認有一個可以推動流程的想法，無論如何，請不要逃避探索該選擇。

 有鑑於這不是一本關於創業的書，我不會討論您要如何建立商業計畫或投資建議、可獲得資本投資的各種方式等，這些我會留給專業人士。O'Reilly 有一些關於這個問題的好書，包括 Dan Shapiro 的《*Hot Seat*》（*https:// oreil.ly/Vf2yS*）與 Ash Maurya 的《*精實執行：精實創業指南*》（*https:// oreil.ly/Mr3hX*）。

說到這裡，我認為有幾件事情可能是源於流程的良好創業機會：

- 在不同方之間傳遞的有效負載之資料出處與安全性

- 追蹤事件資料在整個 WWF 的分佈。事件所產生的資料最終是在哪裡被使用或處理？

- 在核心資料中心事件處理器、邊緣運算環境和終端使用者或物聯網設備之間，協調事件處理、匯總與同步的平台

- 所有類型的事件和訊息傳遞串流的貨幣化機制

隨著流程的演進，新的需求會被發現，所以您最好的選擇可能是等待幾年，看看有哪些新形式的原型流程技術被採用、以及採用後會產生哪些新需求。

繼續做功課，研究、與業內人士交談，修補新技術，可能的話甚至加入參與創造新技術的公司。永遠記住，WWF 的出現將是一種市場現象，而不是一個人甚至一個公司的行動。

不是工程師的人仍然可以做很多事情來推動 WWF 的出現。WWF 需要有用的事件串流和該串流的消費者來發揮潛力，這就是為何建立流程網路與建立流程技術的基礎架構同樣重要。

驅動流程網路

對於任何技術平台,使其具有價值的不是軟體和公司的生態系統,而是消費技術的生態系統,它才有價值。考慮到這一點,企業、政府和非營利組織扮演催化劑的角色,對流程網路效應的發揮至關重要。

正如我先前指出的,流程將需要串流——大量的串流——並且需要那些串流的消費者。如果您認為您所負責的應用程式或業務操作能從流程中受益,那麼您今天就可採取行動以「搶佔先機」。

貿易團體

流程採用的一個可能模式是具有共同目標的組織間達成協議,使用共同的介面和協定來共享即時數據。這與其他跨組織整合安排的達成方式是一致的,例如,電子數據交換(EDI)是由金融服務公司所定義,它需要一致的方法來相互交流金融交易資料。

許多產業已經擁有強大的貿易團體和協會致力於使其成員組織的商業活動更容易、風險更小。根據風險管理顧問公司 IRMI 的名單(*https:// oreil.ly/7R6PH*)中,僅保險業就有 150 多個貿易協會。已可在金融業看到一些獨立貿易團體的訊息傳遞標準,如 IFX(*https:// oreil.ly/CkgS2*)以及 FDX(*https://oreil.ly/1bh9Z*)。

參與現有的產業協會可能是開始讓成員公司為事件驅動的整合做好準備的最好方法,但要直接進入委員會和其他推動變革的機制,可能是一項挑戰。如果您有幸參與某個組織的管理或整合項目,那麼可開始考慮您的成員公司在邁向事件驅動的整合標準方面的作用;如果沒有,則請尋找那些在這些委員會或項目中代表您們公司的人。

考慮到流程標準,那些不屬於貿易團體的公司可能有機會建立一個新的組織。隨著事件驅動整合之新用途被發掘,一些新市場可能會圍繞流行的使用案例來發展。市場壓力將可能決定圍繞在整合所需的一致性水平上,但如果確定了一致性的需求,成立一個團體來管理這個問題也不失為一個好主意。

世界各地的政府(最引人注目的是美國、歐盟和中華人民共和國)也都制定了對公、私營部門標準有驚人影響的法規和準則。從某種意義上來說,政府及其代理機構充當了他們領域內產品和服務整合的貿易協會。如果您在公共部門工作,並且對流程感興趣,可以在 IT 部門或其他地方尋找致力於通用的訊息傳遞或事件標準之團體(如國家標準技術研究所 [NIST](*https://www.nist.gov*))。如果您找不到,可以考慮提出一個有利於您機構的項目。

生態系統夥伴關係

然而，正式的貿易組織並不是在公司和其他組織之間建立整合標準的必要條件。商量協定和介面的另一個主要力量是市場生態系統，其中一個核心供應商（或開源項目）使其他一些供應商（或項目）建立軟體，提高他們的共同價值。

亞馬遜網路服務（AWS）是當今整合生態系統的一個很好的例子，它從早期就開始關注其他人如何藉由向 AWS 服務的使用者出售產品或服務來賺錢。為了做到這一點，AWS 不得不建立或採用以下面事項為主的標準：

EC2 服務的圖像包裝

被稱為亞馬遜機器圖像（*https://oreil.ly/YHZqW*），或 AMIs

容器圖像

AWS 彈性容器註冊中心（*https://oreil.ly/EuxOx*）採用 Docker 作為標準

事件格式

例如，用於 Lambda 和 Step Functions 服務的 S3 事件格式（*https://oreil.ly/pPBgk*）

藉由為生態系統制定這些標準，AWS 創造了一致的、某種程度上可預測的整合行為，大大降低了想使用（或為其增值）這些服務的供應商之開發成本。可以看到，即使在今天，他們也在努力確保在其無伺服器組合中存在一致的事件處理和整合。

事實上，這可能是一家佔有主導地位的廠商促使其他廠商與他們的事件驅動整合要求保持一致，這類情況以前也發生過。Microsoft 在其操作系統定義的介面上建立了一個帝國，要求在大多數企業和消費者的桌面上使用他們的軟體。Twitter 和 Facebook 已經決定了社交媒體串流的讀取方式（儘管它們的 API 很難於諸多廠商的意義上訂立「標準」）。

許多成功的新創公司過去採取的策略，是建立為現有平台生態系統增值的業務，並銷售給該生態系統的客戶。這種模式對產品公司和專業服務公司都適用。二十世紀 90 年代末，當我在分散式系統開發平台供應商 Forte 軟體公司時，我們有一個孕育區域諮詢公司的策略，以幫助在他們的地區利用我們的平台來交付項目，這些公司中有許多公司在一開始與我們合作時規模還很小，但在幾年內就成長為可大幅盈利的公司。

當然，生態系統的訣竅是圍繞於平台供應商要讓客戶產生對平台的興趣，提供客戶尋求問題的解決方案，以及這些解決方案進而幫助平台獲得更多的客戶，產生積極回饋的循環。當涉及要在流程市場上建立企業或組織時，這可能相當於一個有價值的串流生產者，招募其他公司或組織來為串流增加價值。

反之，如果您正在尋找流程方面的商機，您可能會關注現有的串流（即使它今天使用專門的介面和協定），並確定如何為該串流的消費者增加價值。您能為有共同需求的客戶即時自動提供有價值的洞察力和分析嗎？對於目前使用不同標準來消費這類型資料的行業來說，是否有可能以另一種格式重建資料串流？不過，請小心，真正成功的增值服務往往會被平台（或在這種情況下為串流）供應商複製，所以您可能會發現自己在與客戶的公司競爭。

在未來的流程市場上建立公司的另一個策略，可能是尋找在影響或定義流程介面與協定方面有前景的平台，並加入其生態系統。如果您作為該平台的生產者提供有價值的串流，那麼您可能是為該平台創造積極回饋的循環的關鍵因素之一，這將進一步擴大您的市場。

開源聯盟

「驅使流程邁進」的前兩個小節都描述了影響和傳播標準的方法，包括以文件和協商介面與協定。然而，正如我前面指出的，很可能是運行中的程式碼來定義市場採用什麼、不採用什麼，這對於那些相互依賴來實現有用的事件驅動整合的開源項目來說，再正確不過了。

例如，我希望各個開源項項目（特別是軟體基礎架構項目，如 Kubernetes、Postgres 或 ActiveMQ）之間能進行更多對話，以便為系統自動化目的交換操作事件提供一致的介面與協定（也許是使用 CloudEvents 作為協定）。

這與今天許多人在該生態系統中使用 AWS Lambda 的情形類似，客戶基本上是在檢測到某些事件時自動執行操作任務。因為 AWS 的事件是一致的，並且有良好的紀錄，它鼓勵使用 Lambda 作為 AWS 操作的「腳本工具」。我可以想像，在這個世界上，所有的基礎架構和應用平台都被期望擁有用於操作的相容串流。

開源基礎架構項目可以透過定義每個項目的流程來鼓勵更統一的營運生態系統，這些項目應該在哪裡發出對營運自動化工具有用的事件？他們應該在哪裡使用其他項目的事件，以便採取有意義的行動？

開源聯盟也可以透過圍繞更高階的應用抽象定義串流，甚至是產業特定的抽象來實現流程。例如，於金融交易定義一致的方法可能會促進金融服務導向項目的繁榮，且為基本問題帶來一致的解決方案，如個人記帳或小型企業信貸處理。當一個軟體需求正朝著產品或商品／公用程式的狀態發展時，我將深入探討流程如何使更大的解決方案之生態系統建立在滿足該需求的組件之上。

我們能夠「使流程發生」

正如我在本書中一直提到的，我們正處於從事件驅動的整合進入非常、非常早期的商品階段。事實上，在我們真正看到對「WWF 標準」這一稱號的競爭之前，可能還有三到五年的時間。現在可能很難看到流程會是什麼樣子，以及它將如何塑造我們的生活，但我們可以合理地斷言這一天終將會來。

然而，這天到來的速度取決於我們——作為一個社區以及競爭激烈的市場。我寫這本書的目的是讓您、軟體開發者、系統架構師、商業主管、企業家或投資者，看到擺在我們面前的需求和機會。沒有一個人可以「使流程發生」，它是一種新興的系統行為，將由您、我和數百萬的人在未來十年內進行的工作啟動。

我希望，即使您不同意我的觀點，您也同意討論事件驅動的整合能夠改變我們連接軟體的方式是值得的。我知道本書在十年後可能會顯得有點過時，但這是現在必須要進行的重要對話；我期待在討論中聽到您的聲音，無論是直接在 Twitter 或在會議上，還是間接透過您所使用事件驅動的整合來改變業務時收穫的成功。

評估當前流程市場

在本附錄中,我們將使用 Wardley Map 模型並根據其中定義的組件來捕捉市場的現狀。

我們要如何評估每個組件

對於每個組件,我將:

- 更詳細定義組件的範圍與責任

- 提供組件對直接依賴於它的每個組件之主要承諾

- 描述一些履行全部或部分承諾之技術和供應商,並在有趣的地方強調差異化的承諾

 這絕不是為了擷取滿足這些目標的全面技術清單,本附錄的目的只是為了
探討當今事件驅動整合技術的現況。

每個部分的組織結構如下:

- 提供組件的簡短、一般性定義

- 描述組件對其一般消費者的簡明但高度概括的承諾

- 描述組件和它在 Wardley Map 中的附屬物之間的具體承諾

- 列出技術實例，包括一般的架構模式、開放原始碼的實現和商業產品，以證明組件的承諾可以被滿足的方式

  — 指出討論中值得注意的任何具體的區別性承諾

  — 描述該例子在 Wardley 範圍上的演化狀態

- 使用這組例子來支持組件在第三章的 Wardley 地圖中的演化規模

基礎架構

基礎架構代表了計算技術的世界，包括硬體、軟體和雲端服務，使事件驅動計算所特有的建構技術成為可能。基礎架構作為一個廣泛的類別包括伺服器、網路和資料存儲，以及資料庫、作業系統和任何其他支持我們價值鏈中其他組件所需的軟體。

關鍵的承諾

提供核心網路、儲存和計算資源，在此基礎上建構事件驅動型運算。

為來源、處理器和接收器組件提供商品服務，如物聯網閘道、分析引擎和 AI 處理。

Wardley Mapping

商品 / 公用程式 —— 雲端運算以及虛擬化、容器管理和許多資料與軟體服務的事實標準，使基礎架構成為明顯的商品 / 公用程式。

範例

Amazon Web Services（AWS）、Microsoft Azure、Google Cloud Platform（GCP）

作為公用事業的運算基礎架構 —— 我們今天所知道的雲端運算 —— 根本改變了技術專家對建構、部署和操作軟體的思考方式。自 2005 年以來，Amazon、Microsoft 和 Google 這三家公司已經創造、擴展了一系列的服務，涵蓋從存取伺服器容量到數據分析平台、到新編程工具等基本的運算需求。

多數的大規模事件驅動系統依靠雲端運算供應商提供核心能力與其他基本服務；當然也有些例外，但雲端運算為成千上萬的公司實現了這些需求的民主化。

差異化的承諾：按需求、規模、依隨用隨付的準則上提供 IT 資源。

Wardley Mapping：作為公用事業的性質，雲端運算供應商屬於商品 / 公用程式的範疇。

Hewlett-Packard Enterprise、Dell Technologies、Lenovo、Cisco、NetApp

對於需要建立自己的運算基礎架構的公司來說，現今企業內部的伺服器、網路和存儲市場在很大程度上是由可互換的部件組成，主要是利用使用的便利性、服務和支援來區分。有數量有限的芯片架構、網路路由演算法、檔案系統等，它們作為基本可互換的部件受到有競爭力地出售——這些都可以用來建立事件驅動的系統。

差異化的承諾： 開啟現代分散式運算所需的核心硬體與嵌入式技術。

Wardley Mapping： 現代運算硬體和基礎架構軟體的商品性質將這些供應商牢牢放置於商品／公用程式類別中。

VMware ESX、Microsoft Hyper-V、Xen

虛擬化技術以兩種方式來擴展硬體的價值。首先，它透過開啟資源分配的「部分所有權」方法，使硬體得到更有效的利用；其次，它也開啟了 API 驅動的資源分配方法，最終為開發者模擬雲端運算的自助服務體驗。

今天，虛擬化不僅是企業內部資料中心的基本設施分配技術，且還被主要的雲端供應商廣泛使用（儘管是以客製或大幅修改的形式）。

差異化的承諾： 以軟體開啟 IT 資源的有效利用。

Wardley Mapping： 雖然這些產品之間有一些區別，但它們在雲端服務中的使用處於產品和商品／公用程式的邊界。

Docker（和生態系統），Open Container Initiative

雖然虛擬伺服器在為軟體開發者實現資源分配民主化的方面至關重要，但並非開發者打包軟體最自然的方式。安裝、設置和維護伺服器作業系統所需的工作，對於只想運行其應用程式的開發者來說，是一個很重的額外負擔。

有兩個開源項目透過使用長期存在的 Linux 作業系統特性（即容器）改變了這種狀況。容器允許開發者簡易打包他們建構的應用程式，和運行這些應用程式所需的任何依賴性，並將它們部署到被稱為 *命名空間* 的抽象作業系統分區中。Docker 是第一個真正成功的現代應用程式之容器打包模型。Open Container Initiative（OCI）是 CNCF 下的另一種容器格式。

差異化的承諾： 軟體可執行的通用包裝檔案，以簡化部署和操作。

Wardley Mapping： 雖然有商業產品可以用來建立容器，但容器定義格式本身都是開源的、是商品，所以容器是商品／公用程式。

Kubernetes（及其生態系統）

一旦分散式應用程式被打包到容器中，很快就會發現管理部署、網路存取及其他一些大規模的功能將需要大量的自動化。在 Docker 成功後不久，Google 將 Kubernetes 引進開源社群，並迅速將其採納為分散式系統容器協作的事實標準。

今天，Kubernetes 有一個龐大且不斷增長的工具生態系統，使開發者和營運商能夠將該平台應用於許多使用案例。例如，Knative 是一個專注於執行程式碼的平台，消除了開發人員為在 Kubernetes 環境中運行，從函式到全面的網路服務中所付出的辛勞。Helm 是另一個生態系統項目，專注於分散式容器化應用程式的包裝標準化。

差異化的承諾：基於容器的工作負載的單一分散式部署和營運平台。

Wardley Mapping：Kubernetes 已經迅速成為容器協作和管理的標準，並且被主要的雲端供應商當作管理服務提供。它顯然處於商品／公用程式的階段。

觀察

我無法對屬於這一類別的所有硬體、軟體和雲端服務產品給予適當的關注；還有一些產品類別我沒有點出來，如資訊安全、內容分發網路，甚至移動網路供應商。關鍵在於，這些產品中的絕大多數都可以被認為是商品／公用程式，其他例外幾乎都是產品。

整合

任何組織間的整合機制都需要介面，使系統能夠發現對方並協商連接，還需要有協定，使事件串流能夠透過該連接流動。正如第一章所指出的，這些是所有建立串流媒體的基本要件。互聯網所依賴的連接標準是強大的助力，但特別與流程相關的是新介面及協定。

在第一次討論使用介面和協定來定義整合標準時，可能會有一件令人困惑的事情，那就是要確定何為介面、何為協定。牛津詞典將**介面**定義為「兩個系統、主體、組織等相遇和互動的點[1]」，將**協定**定義為「一套管理設備間資料交換或傳輸的規則[2]」。因此，從表面上看其實很簡單：介面是兩個不同的實體找到對方並啟動互動的方式；而協定是在這種互動中交換資料的方法。

1　Lexico（介面）（*https://oreil.ly/ofSLX*）。

2　Lexico（協定）（*https://oreil.ly/yMZVM*）。

可惜的是，這並不像「介面就是 API，協定就是資料結構」那樣簡單。任何現代的 REST 或 GraphQL API 定義的不僅僅是開發人員用來呼叫一個功能的呼叫簽名，在幕後更有些協定必須定義完成連接所需的資料交換，同時另外有些協定則必須定義確保該連接所需的資訊交換。

完成一個涉及資料交換的 API 請求，除了 API 所要求的明確資料外，還有更多的東西要注意。通常，保證連接安全的簡單行為需要有關各方之間的協商，而協定可以提供允許程序啟動一系列步驟的機制。在這兩個概念之間畫一條完美的界限是不可能的，所以我堅持使用一個簡易、以流程為中心的定義來進行下面的分析。

這裡的**介面**是允許消費者找到並啟動與生產者的連接之任何機制；**協定**是指一旦建立連接即接管的任何機制，以開啟資料串流的使用。

無論如何，我們還沒有達到擁有標準流程介面和協定的地步，如同第五章中所解釋的，我們可能要在十到十五年後才能宣布介面與協定下所列的技術（本附錄即將會討論到）作為「標準」（或發現新的東西來取代）。但是互聯網開啟了基本的網路連接，我們也已經開始依賴這些連接技術（其中有些是網路協定）來滿足各種組織間的通訊需求。

連接

連接組件是代表生產者和消費者知道他們相互連接的技術。如第三章所述，儘管出現了一些受青睞的標準，目前尚未有專門為事件串流建立的連接單一標準，但有一些核心標準是整個互聯網共享的，用於建立基本的網路連接，包括安全加密以及不安全加密。

關鍵承諾

使消費者和生產者能夠同意透過本地網路與互聯網相互通訊。

使事件能夠安全、可靠地從生產者流向消費者。

Wardley Mapping

商品 / 公用程式。

範例

網際協定（IP）

互聯網的主幹是不同區域網路的計算機向其他本地網路的計算機傳送資訊的能力，這種資料的移動，稱為路由，需要一個了解全球系統位址的協定，以及網路封包應該被標記的方式，好使它們能夠被傳遞到目的地。

差異化的承諾： 使計算機系統能夠跨越本地網路邊界發送資料。

Wardley Mapping： IP 是 TCP/IP 協議配對的一半，對互聯網的功能至關重要，所以它是商品 / 公用程式。

傳輸控制協定，QUIC

TCP，TCP/IP 的另一半，是本地網路用來使計算機互相對話的協定。TCP 處理的問題包括協商如何分解網路封包，並將其數據傳遞給應用程式，以及在一些不同的物理網路類型（如 Wi-Fi 或乙太網路）上管理封包流量；TCP 是將 IP 位址對應到網路上物理設備的地方。

QUIC 是一種更現代的傳輸協定形式，據說對我們目前使用互聯網的方式進行了更好的優化，並且是 HTTP / 3 標準規範中使用的傳輸協定，截至本書編寫時，此規範正在通過網際網路工程任務組（IETF）的程序。QUIC 支持設備間的同時連線，以優化網路通訊，如網頁加載和大量的資料串流。

差異化的承諾： 為區域網路提供連接設備之間傳輸網路資料封包的能力。

Wardley Mapping： TCP 是一個現行標準，因此是一種商品。雖然 QUIC 尚未在互聯網上廣泛採用，但隨著 HTTP/3 的推出，它將迅速取代許多網路應用的 TCP。這很有可能是串流應用程式所面臨的情況，因為平行的連接能力在需要時可以更優化資料的並行串流。

超文本傳輸協定（HTTP）、 訊息佇列遙測傳輸（MQTT）

如第 4 章所述，在物聯網市場上用於串流最流行的兩個協定是 HTTP 和 MQTT。

HTTP 是 WWW 的核心協定，其定義了一種在兩個計算機程序（例如，一個網路瀏覽器和一個網路伺服器）之間建立點對點連接的機制，並定義如何透過該連接共享資料封包。

另一方面，MQTT 是一個明確的發布和訂閱協議，定義了客戶端設備或計算機如何連接到被稱為代理的軟體；然後，客戶端使用 MQTT 來訂閱代理人的主題，並從這些主題中發布或接收資料。MQTT 是一個輕量級的發布和訂閱協定，主要用於物聯網，如低功耗無線網路、多量感測器報告網路，以及監控和資料採集（SCADA）系統。

差異化的承諾：使兩個軟體程序保持雙向連接，以實現資料串流或事件之目的。

Wardley Mapping：HTTP 與 MQTT 是用於此目的的成熟協定，因此在商品／公用程式方面是穩固的。

WebSockets

WebSockets 是一個標準的網路協定，用於互聯網上兩個軟體組件之間建立的雙向通訊管道。它被許多網站廣泛使用，這些網站需要在瀏覽器和他們的網路伺服器之間出於特定目的進行持續性、即時的連接（例如不斷更新新聞來源）。

WebSockets 建立在 TCP 基礎上，但操作方式與 HTTP 類似，因此它可以利用大多數網路環境中已有的基礎架構和配置。在本分析中，當一個資料串流預計將保持長時間開放時，它也被廣泛地用於許多其他連接和處理器技術。

差異化的承諾：支持兩個程序之間藉由互聯網進行長期、雙向溝通。

Wardley Mapping：WebSockets 正在迅速成為建立這類型連接的標準方式，所以它確實屬於商品／公用程式。

Synadia NGS

Synadia NGS 是一個全球分散的訊息網路，專門用於透過訊息協定連接任何東西。基於開源項目 NATS.io（參見第 186 頁「佇列／紀錄」），Synadia 的獨特之處在於其目的是改變數位技術傳遞和使用串流的方式。

NGS 只使用單一的 URL 來連接到網路。一旦連接成功，生產者和消費者使用**主題**，即能識別出他們感興趣的主題之字串。NGS 負責尋找能提供該主題最近的節點並建立必要的連接。

差異化的承諾：使串流系統的生產者與消費者能夠使用一個主題字串建立連接。

Wardley Mapping：雖然這是一個單一供應商的產品，但其目的是成為一個實用工具。儘管如此，它並非歸納為商品／公用程式類，因為此做法尚未成熟且鮮為人知。事實上，我將把 NGS 放在產品類別的左側邊緣。

觀察

雖然有一些有趣的新技術被引入互聯網，以幫助串流式連接──如 QUIC 和 NGS，但大多數的關鍵組件都是眾所周知的並被廣泛採用。可能需要改變的是對藉由串流整合的關注，這可能會透過新的 API、由 HTTP 或 MQTT 等連接協定承載以流程為中心之新協定來完成。

介面

流程介面實際上要解決兩個問題。第一是確定生產者的位置，以便消費者能夠與之通訊；第二是定義需要與生產者交換的初始資訊，確保生產者知道如何完成與消費者的連接。理論上，生產者介面也可以讓消費者辨別自己的身分以進行認證，並描述它想接收什麼資料串流。然而，如果流程發展到生產者不需要認證，或者只能提供一個串流選項，那這些甚至都不是必要的。

這類似於 HTTP 中熟悉的 URL 作用：它的主要作用是為網路使用者提供一種基於文本的方法來描述它們希望存取之資源的位置，以便底層軟體基礎架構能夠完成連接。然而，HTTP 也允許在請求中附加其他資訊，以達到生產者可能支援的目的。

這裡描述的介面是目前可用於建立串流連接的介面；在第五章中，我們探討了它們如何從這裡開始發展。

關鍵的承諾

使消費者能夠找到並與生產者建立串流連接。

Wardley Mapping

產品──雖然存在許多標準介面，用於特定情況下建立串流連接，但沒有一個是考慮到流程（跨組織事件驅動的整合）而建立的。

範例

Kafha 消費者 API、Kafha Connect

由於 Apache Kafka 在今天的商業串流解決方案中被廣泛使用，因此必須將其 API 視為現今串流中可能存在的關鍵部分。Kafka 實際上提供了五類 API。雖然我們會在其他地方介紹其他 API，但消費者 API 是外部實體與 Kafka 連接的地方。

Kafka 還有一個建立在這些 API 之上的框架，叫做 Kafka Connect，旨在簡化常見的高吞吐量中與 Kafka 的交互作用，通常涉及商業產品或其他開源項目。Kafka Connect 有一個 Sink API，用於將資料從主題傳遞到外部的資料存儲與處理器的連接器，這可能被認為是一個流程 API。

兩者都是一組軟體物件，目的是讓開發者在自己的程序中擴展使用，與 Kafka 交互。它們本身並不是為 Kafka 之外的一般使用而建立的，這使得它們不太可能成為通用流程 API 的候選者。

差異化的承諾：提供對 Kafka 主題中事件的存取與使用。

Wardley Mapping：雖然 Kafka 正在迅速成為事件處理的標準方法，但其介面似乎還沒有準備好在 Kafka 以外的環境中使用通用的事件，因此，這些是以產品為中心的 API。

EdgeX API

EdgeX Foundry 是一個用於工業物聯網應用的開源平台規範。EdgeX 為此定義了一套通用的服務，以及用於設備和支援服務之間相互通訊的 API。

該 API 從其簡單的角度來看是很有趣的，它是一個真正的 REST API，這意味著它使用標準的 HTTP 命令（主要有 GET、PUT、POST 和 DELETE）以及每個設備或應用程式的唯一 ID，以實現平台通訊。其結果是一個相當容易讓人理解並利用的介面。

EdgeX API 的缺點是它依賴平台來提供通用機制，如設備 ID、安全認證等。雖然實現方法可能不同，但所需的服務集使其成為一個高度與上下文相關的環境（如第一章所定義）。

差異化的承諾：為邊緣的工業物聯網應用提供單一的通用整合平台。

Wardley Mapping：EdgeX 正在努力成為物聯網市場的公認標準，但在達到這個目標之前，它適合於產品類別。

CNCF 雲端事件訂閱 API

CNCF 是一個非營利組織，負責支持和策劃一些分散式系統技術的發展。您可能很熟悉的是 Kubernetes，它是現在容器編排的事實標準。然而，他們還有其他項目，包含從軟體定義的網路到可觀察性及安全性。

其中一個項目——CloudEvents，是一個描述事件的規範，顯示出對流程的偉大承諾。CloudEvents 被定義為通用的元資料模型，可以對應（或「綁定」）到任何數量的連接或 pubsub 協定，它很簡單，能夠承載各種有效負載類型。

2019 年 10 月發布的 CloudEvents 1.0 版完全專注於數據封包，我將在協定部分描述這一點。然而，委員會現已經將注意力轉向兩個介面，這將是簡化流程使用的關鍵：訂閱與發現。

訂閱 API（*https://oreil.ly/Hb5T6*）是本節中最有趣的部分。CloudEvents 訂閱 API 被定義為一個用於發布和訂閱活動的通用 API，不干擾現有的機制，如 MQTT，它可能是定義流程成功的一個關鍵介面。

不過現在還言之過早，且不能保證市場會傾向於這種 API，但我相信這樣的東西在流程中扮演重要的角色。

差異化的承諾：利用 CloudEvents 標準為事件串流的發布與訂閱，提供一個通用介面。

Wardley Mapping：CloudEvents 訂閱 API 顯然被當成了一個商品標準。然而，根據目前的規範和缺乏採用的情況，我認為它處於產品與商品 / 公用程式之間的邊界。

觀察

這些介面中確實有很多承諾，但沒有一個能達到單一性、普遍適用的流程介面之承諾。在大多數情況下，它們都太複雜了，或者技術太特殊以至於無法普遍應用。CNCF 的努力是我要關注的，它的目標與我認為流程所需要的東西非常一致，但要具體判斷它如何工作，或者如何與高效能或大量使用案例的需求一致，還為時過早。另外，我真的很喜歡 Connection 例子中描述的 Synadia 連接模型，並認為用一個 URI 來連接主題是最理想的，而這正是那些介面無法提供的簡便性。

協定

當涉及互聯網上的資料串流時，協定是一個複雜的話題。不僅有一堆協定來處理從生產者和消費者之間所發送信號的物理行為，再到尋址、路由、加密、打包等，而且還有的協定專門處理發布與訂閱之行為，流程式傳輸特定的資料標準（如 JSON），甚至管理特定事件串流的流速，以確保消費者不會被資料淹沒。

本節將重點討論那些可能在流程中使用的協定——生產者或消費者理論上可以利用這些協定來使流程發揮作用。但這並不是說 TCP/IP 等協定就不重要、不必要，這些協定定義了互聯網上的連接，就像我們在第 163 頁「連接」中提到的那樣。也就是說，一些有利於流程的協定除了用於流程之外，還可用於其他方面，關鍵在於它們是有助於定義流程的協定。

一般來說，這些協定定義了數據應該如何被包裝和在網路上傳輸，以便消費者準確收到生產者想要發送的內容。為此，流程協定可能是訂閱協議中的一個有效負載，而訂閱協定又可能是在 TCP/IP 上進行的。當不同協定之間存在依賴關係時，我會盡量說明。

關鍵的承諾

在生產者和消費者之間建立共同機制來包裝和解釋事件。

定義管理有效連接上的事件交付機制，包含事件來源（如主題）以及交付速率。

盡可能地利用已知官方標準與事實標準，只添加實現共同整合機制所需的內容。

Wardley Mapping

客製對於流程來說，最適用的商品幾乎都是特定於產品或開源項目。因此，使用這些商品機制於流程將被建立到客製或產品機制中。雖然有產品開始這樣做，但此組件今天尚處於商品階段。

範例

CNCF CloudEvents

我們在第 166 頁「介面」部分討論了 CNCF 的 CloudEvents 規範，但其最初的重點是定義一套通用的元資料可被任何連接協定的軟體使用。

如果成功的話，CloudEvents 承諾將允許來自 AWS DynamoDB 的事件被私人的資料中心 Kafka 環境處理，然後僅使用現成的函式庫或適配器（在規範中稱為「連接器」）轉發給 Google BigTable 分析服務。

如果考量到實現流程願景所需的條件，CloudEvents 在很多方面都做得非常好。首先，它與 HTTP、MQTT、Kafka、NATS 以及其他一些協定和介面的綁定使之很容易適應人們目前創建的串流架構。

其次，協定規範定義了一套元資料並綁定了特定結構，將元資料與有效負載資料相結合，用於目標協定或介面。有效負載可以是：

結構化

截至本文撰寫時，該規範僅概述了結構化模式下的 JavaScript Object Notation
（JSON）支援，但允許額外的專用資料協定。

二進制

幾乎任何數位信號都可包括在其內；儘管客戶端從有效負載本身得到關於結構和
內容的線索很少。

這意味著它可以適用於幾乎所有的串流案例，在這些例子中，需要上下文元資料來路
由和處理任何有效負載。

CloudEvents 規範含有以下將雲端事件序列化為 JSON 的範例：

```
{
  "specversion" : "1.x-wip",
  "type" : "com.github.pull_request.opened",
  "source" : "https://github.com/cloudevents/spec/pull",
  "subject" : "123",
  "id" : "A234-1234-1234",
  "time" : "2018-04-05T17:31:00Z",
  "comexampleextension1" : "value",
  "comexampleothervalue" : 5,
  "datacontenttype" : "text/xml",
  "data" : "<much wow=\"xml\"/>"
}
```

其中的元素如下：

specversion

表示正使用的 CloudEvents 版本

type

表示代表的事件之具體類別

source

事件的原始來源

subject

物件之狀態改變的識別符，導致事件的發生

id

識別事件的獨一性標籤

time

擷取事件建立時的時間戳

comexampleextension1 和 **comexampleothervalue**

代表由事件建立者新增的客製元資料

datacontenttype

表示有效負載中包含的資料形式

data

資料有效負載本身

正如您所看到的，這是一個輕量級的協定，可以很好地對應到一些傳輸協定 —— 您只需在傳輸協定要求的任何格式中包含相同的字段。

由於該規範的第一個版本在 2019 年 10 月才發布，現在判斷 CloudEvents 是否注定要被廣泛採用還言之過早。況且，如果沒有使用此協定的產品、雲端服務和其他數位的生態系統，它的價值還有待觀察。然而，根據參與編寫規範的公司，以及在 CloudEvents 電子郵件列表中表示有興趣的其他人，讓我對其前景保持樂觀態度。

差異化的承諾： 使任何軟體程序能夠使用單一的元資料格式來處理透過不同的連接協定所發送的獨立事件。

Wardley Mapping： CloudEvents 規範的第一個版本已於 2019 年發布。雖然它的目的是為事件元資料建立一個商品標準，但目前為止它只包含在少數產品中，因此我認為它處於產品階段。

NATS 客戶端協定

NATS.io（代表 Neural Autonomic Transport System，謝天謝地它通常被稱為「NATS」）是一個 CNCF 項目，為一些高性能用途提供簡單、安全的訊息傳遞。我們將在第 186 頁的「佇列 / 紀錄」中更深入地介紹 NATS 作為訊息服務。

然而，NATS 確實有一個有趣的、極其簡單的協定，用於發布和訂閱主題，或者用 NATS 的術語是**主題**。每個呼叫都是在客戶端和 NATS 伺服器之間透過 TCP/IP 發送的簡單字串。

例如，一個訂閱「foo.bar」主題的簡單請求，如下：

```
SUB foo.bar 90
```

SUB 指令表代表訂閱主題的請求。`foo.bar` 參數是客戶端要訂閱的主題名稱；90 是一個簡單的數字訂閱 ID，由客戶端生成。

該訂閱 ID 在未來伺服器和客戶端之間交換中使用，以表明該交換與該訂閱關聯。

例如，當一個生產者向 NATS 伺服器發布時，看起來可能會像是：

```
PUB foo.bar 5 Hello
```

一個發布請求後面是主題名稱與訊息的位元組數，然後客戶端從 NATS 伺服器收到以下訊息：

```
MSG foo.bar 90 5 Hello
```

一個訊息請求的後面是主題名稱、客戶的訂閱 ID 以及訊息位元組的長度。

就是如此簡單。對於商業市場或公共部門的各種產品中的各種案例來說，可能太簡單了；但它把事件傳遞的複雜性分解到基本的程度，以至於我們似乎應該問：「為什麼不能這麼簡單？」

差異化承諾：提供一套簡單的指令，用於發布和訂閱 NATS 主題，並將發布的訊息從伺服器傳輸給訂閱者。

Wardley Mapping：雖然 NATS 是一個開源項目，旨在成為高效能訊息傳遞的標準，但該協定是 NATS 專有的，所以它屬於產品類別。

MQTT

我們在本附錄前面的物聯網架構部分介紹了 MQTT，它對流程的適用性是清楚明瞭。作為一個輕量級的發布和訂閱協定，與 NATS 客戶端協定一樣處理了許多功能。

然而，MQTT 還增加了一些功能來協調諸如訊息過期、限制訊息長度以及其他控制功能。這些確保客戶端（可能是任何發布者和 / 或訂閱者）與 MQTT 伺服器在事件流程方面處於一致的狀態。

MQTT 是為從設備發送事件到代理人而設計的，代理人須排隊等候資料供應用程式使用。因此，它並未被明確地設計來處理像是會計流量這類的東西。然而，在與許多人討論過這個問題之後，我相信它沒有理由**不能**處理這類的流量。畢竟，會計系統也算是一種「東西」，不是嗎？

一個基本的 MQTT 交換如圖 A-1 所示。

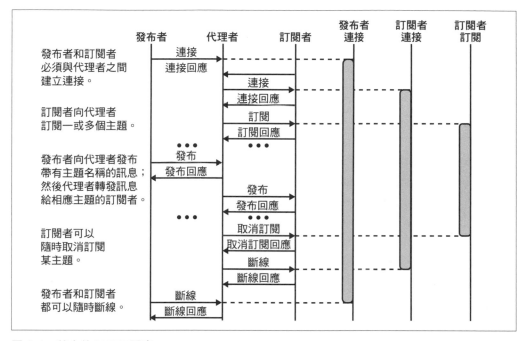

圖 A-1　基本的 MQTT 訊息

如您所見，這些命令處理基本的發布與訂閱功能，包括主題的訂閱和發布。該協定還有一些用於客戶端（包括發布者及訂閱者）與代理者之間建立連接的指令。

鑑於圍繞 MQTT 的生態系統，有跡象表明它可以成為一個傑出的流程基本協定；但是它並不完美。例如，MQTT 訊息的大小不是為了承載大的有效負載而設計的，這在一些低頻的用例中可能是需要的。另外，MQTT 並不像 CloudEvents 那樣可直接與其他訊息傳遞和事件協定綁定。

事實上，情況正好相反。CloudEvents 是一個協定的例子，它對應（或「綁定」）到 MQTT 規範，適用於需要此協定的案例。另一個例子是 Eclipse Sparkplug，它明確擴展 MQTT 的協定，定義了一個主題名稱標準和特定的有效負載資料結構，用於 SCADA 系統，但它卻不打算用於諸如將會計串流連接到另一個商業應用程式。

但這些都是 MQTT 如何在各種情況下適用的例子，這使之成為流程的競爭者。

差異化的承諾：為機器間的通訊提供輕量級的發布和訂閱協定。

Wardley Mapping：作為一個相當廣泛採用、供應商中立的協定，它處於商品 / 公用程式的階段。

AMQP

結構化資訊標準促進組織（OASIS）是一個專注於促進產品獨立的資訊標準的機構，如超文本標記語言（HTML）和可擴展標記語言（XML）。

這些標準中，高級訊息佇列協定（AMQP）專注於實現任何訊息感知軟體間交換通用訊息，而不用考慮使用情況、網路環境等因素。如今有許多訊息傳遞產品都支援AMQP，它已被認為是商業訊息傳遞的通用協定。

AMQP 處理與底層傳輸協定（如 TCP）的連接談判，定義「通道」以使多個串流共享使用一個連接，定義比單個連接更持久的串流長期表示法的抽象類別，以及其他功能的清單。

AMQP 定義了一種元資料格式可被任何符合要求的系統輕鬆解釋。有效負載被視為不透明的二進制檔案，AMQP 代理人在路由訊息時不能檢查這些資料。

由於 AMQP 明確宣稱視組織間的整合為目標，當然有可能成為流程標準。

差異化的承諾：為平台和組織間的業務訊息傳遞提供開放的標準。

Wardley Mapping：因提出開放的標準協定，AMQP 顯然是屬於商品 / 公用程式。

HTTP

我們先前在討論物聯網和流程基礎架構時談到了超文本傳輸協定，但重要的是要把它當作一般流程的潛在基礎。這有許多原因，但其中最主要的是，它可能是互聯網上最普遍的應用程式與應用程式間的協定。

HTTP 被網路瀏覽器用來與提供內容和應用程式的伺服器互動。HTTP 也被網路應用程式用來與這些伺服器互動，以即時更新畫面，回應您的操作或提供其他地方資料。機器與機器間的通訊、設備操作、最大的社交媒體網站，以及最微小的微服務中都可見到 HTTP 的使用。

因此，HTTP 幾乎會在 WWF 如何實現的過程中扮演角色。只是它扮演什麼樣的角色，以及使用者會在多大程度上意識到它的存在，將取決於使用者對流程的需求。

應該更明確地說，HTTP 不是一個發布和訂閱的協定，它沒有主題或訂閱的概念；相反地，它是一個點對點的協定，旨在將兩個資源彼此直接相連接。正如這裡所指出的，它的四種主要請求方法讀起來更像是一個資料庫命令的列表，而不是訊息傳遞指令。

GET

　　請求提議的資源狀態

POST

　　對資源發送一組資料，但不一定會影響該資源的狀態

PUT

　　以請求的內文中所包含的狀態來替換資源

DELETE

　　移除資源及其所有狀態

正因為如此，HTTP 的首要地位取決於以下兩種情形之一：要麼市場決定發布 / 訂閱不應該成為主要的流程機制，要麼 HTTP 採用某種形式的發布 / 訂閱請求方法。

毫無疑問，HTTP 將出現在的地方是消費者與生產者連接所需的介面中。一般來說，開啟連接的請求是一個呼叫與回應的操作，因此完全適合採用 HTTP 的 API 策略之一，如 REST，或任何其他流行的 API 機制，可以利用 HTTP 進行連接，如 GraphQL。

差異化承諾：為客戶和特定軟體資源之間的點對點數據連接提供普遍的機制。

Wardley Mapping：HTTP 是一個商品 / 公用程式的協定。問題是，它是流程的**那種**協定嗎？

WebSocket

該協定透過標準的 HTTP 介面與代理人實現客戶和伺服器之間的雙向通訊。這使它與當今世界上絕大多數的互聯網安全和網路服務相容，進而成為實施流程系統的理想選擇。

WebSocket 連接從客戶端的連接請求開始，其中包含 HTTP 標頭以升級到 WebSocket 的連接，確保連接安全的公共安全密鑰，以及可能用於打包和傳輸資料的任何子協定之指示，而伺服器會以公用密鑰的雜湊值與任何子協定的支援確認來回應。

因此，WebSocket 可用於傳輸此處討論的其他協定包括 CloudEvents，還有一些其他功能，像是伺服器向客戶端發送事件的能力，這些功能對流程的操作很友善。

差異化承諾： 提供一種與 HTTP 兼容的方法來建立和管理客戶與伺服器之間的雙向連接。

Wardley Mapping： WebSocket 是一個穩固的協定，可用於所有現代的瀏覽器，且得到 IETF 的支持，為一種商品 / 公用程式。

觀察

互聯網世界有著豐富的協定，往往是三四種協定加在一起來滿足特定需求。HTTP、MQTT 和 WebSockets 生態系統的成功，代表他們之中至少有一個會在未來的流程架構中發揮關鍵作用。也許這三種協定都會因其各自優勢而發揮關鍵作用，而像 CNCF CloudEvents 通用的協定則會將他們關聯起來。然而，目前還沒有建立專門的流程協定，而且還有很大的進步空間來形成一個替代性的生態系統，甚至可能是一個還不存在的協定。

發現

隨著可用資料串流的數量開始成倍增長，發現是其中一件變得越來越重要的事。找到正確的資料串流可能很容易，只要找到擁有該串流的生產者並要求存取問即可。然而，如果要發展成一個市場，或者如果您試圖從同一個生產者的許多可用資料流中找到某特定的串流，發現就變得越來越重要。

這裡實際上有兩個選擇。第一個非常簡單：只需使用搜索引擎，找到提供 URI 的網頁，以詢問串流與文件如何使用；但如果您想讓系統以編程方式發現串流或更新連接到串流的方式，此解決方案就不可行。基於這個原因，第二個選擇是建立一個可用串流的註冊表，並透過 API 存取。

請容我將串流註冊表與模式註冊表做點區分。一些平台和產品有能力註冊事件訊息的格式或模式，為了給那些必須在傳輸或處理前驗證事件有效性的軟體使用。雖然模式註冊是很重要的，並且可以在發現如何發生的方面上發揮作用，但它們本身並不提供任何關於模式使用的主題資料。

據我所知，目前只有幾家平台供應商在使用串流註冊表。然而，如果需要更多的「點擊」體驗（類似於雲端服務 IFTTT 的體驗），那麼程式化的串流註冊表可能會成為流程基礎架構的關鍵。

然而，我們必須誠實地說，公共註冊表已在一些場合被嘗試過，但都失敗了。在物件導向的編程早期，提供可用共享物件類型及其介面資訊的類註冊表是一個熱門話題。沒有人成功地使註冊表發揮作用，至少在公開的使用方面是沒有；而追蹤各種用途的 XML 格式的 XML 模式註冊表的成功有限，仍沒有一個權威性的註冊表出現過。

由於這個原因，我認為很難推測其組成成分。事實上，很可能出現某種混合方法，可能主要透過公共介面搜索，但雲端供應商與流程平台供應商卻各自努力於註冊表選項。

關鍵的承諾

提供一種使消費者能夠在特定環境中或在 WWF 上發現相關的串流選項的機制。

追蹤關鍵的串流品質，如連接到串流的 URI、傳輸的事件量、使用的協定等。

Wardley Mapping

儘管產品與服務（雲端）的選項確實存在，這裡仍少有商業選擇。很難相信目前大多數透過串流整合的開發者都還沒實驗出真正有效的方法。因此，我把發現放在創世紀階段，儘管我相信隨著可行的解決方案被市場採用，它將迅速進入產品類別。

範例

搜尋引擎與網頁

如前所述，目前建立串流發現的最簡單方法是創建一個網頁（也許是 GitHub 儲存庫頁面），描述消費者使用您的串流所需的一切，然後結合搜尋引擎對該網頁的索引以及與潛在消費者的溝通，就可以讓串流被發現和使用。

這與 API 經濟迄今為止的發展方式非常一致。在互聯網上，沒有一個中央儲存庫或網站有可用的 API 列表。相反的，開發人員使用 Google 或透過供應商的網站搜尋他們想要使用的 API。

這種方法的優點是不需要額外的設施來使其運作。您所需要的一切都已經在那裡，且自動化程度很高，除了維護您的網頁之外什麼都不用做。但缺點是頁面之間的不一致性且缺乏真正的 API，使得這些資料的程序化使用幾乎是不可能的，當然在經濟上也是不可行的。鑑於 API 使用者可以接受，當然這也可能是串流消費者的情形。

差異化的承諾：提供一個人們普遍接受的機制，以發現連接到串流的資訊。

Wardley Mapping：雖然支援網頁方法的基礎架構顯然無處不在，但網頁上的形式和期望卻幾乎不存在。因此，我認為網頁的方法仍然處於創世紀階段。

VANTIQ、Solace

Vantiq 和 Solace 這兩家公司正在測試註冊表問題。Vantiq（在處理器低程式碼／無程式碼類別中也有提過）包含了一個發現註冊表，因為 Vantiq 的目標是消除開發人員有效連接和使用串流所需的工作。

Google 搜尋選項要求開發人員從網頁上手動提取介面資訊，並編寫必要的程式碼來利用該介面。一個更進階的目錄可以將描述串流的語義正規化——例如，事件傳輸的頻率或事件有效負載的大小。反過來說，這將使自動化工具能夠使用這些數據來選擇或生成適當的架構來使用該串流，開發人員只需從可用選項列表中指出他們想使用哪種串流。

Solace 是市場上最早推出的獨立工具之一，它既能追蹤事件模式和主題選項，也能提供關於流量、錯誤率等的深入數據。它是與它們自己的串流應用平台 PubSub+ 一起使用並設計的，也可以在背景之外使用——例如，在複雜環境中管理 Kafka 串流時。

請注意，Vantiq 和 Solace 的產品都沒有提供可用串流的互聯網視圖，但這兩者都是我們越來越依賴流程整合的基礎架構類型的新生例子。

差異化的承諾：讓使用者能夠在單一範圍內（如客戶或特定的串流平台實例）了解可用的串流及用途。

Wardley Mapping：這些皆為供應商專有產品，所以很適合在產品階段。

AWS EventBridge、Azure Event Hub

主要的雲端供應商正在迅速增加新的服務，以支援有效的事件驅動開發和規模化運作，因此，看到他們為各自平台上運行的軟體提供串流發現也不令人意外。

EventBridge 和 Event Hub 都提供了模式註冊，這本身對於管理發布者和訂閱者之間的合約非常有用。然而，AWS 還提供了與來自外部各方串流的直接整合，例如來自 SAP 或 Salesforce 帳戶的串流。舉個例子，AWS EventBridge 聲稱，截至 2020 年 10 月止對 90 多個來源直接整合支援。

意即，EventBridge 和 Event Hub 都不是互聯網範圍內的發現服務，而且它們都缺乏一些資訊，像是流程速率。

差異化的承諾：提供發現和連接網路資源的中央實用服務。

Wardley Mapping：這些服務缺乏完整流程發現服務的關鍵功能，所以我目前會將其視為自定義解決方案的一部分。

觀察

我仍然相信,在串流發現方面有很多機會,但引進新服務的時機將是關鍵。如果您今天提供的是「Google 事件串流」,那麼使用者可能會很少。然而,隨著流程網路效應的啟動,我想那些例如擁有最好、最準確的串流選擇服務,將比那些專注於某些行業的服務具有明顯的優勢;不過,我也可能是錯的,因為現有的先例並沒有顯示出註冊表技術一致採用的模式。

交互技術

正如我在第 1 章中指出的,除非與流程互動,否則流程就沒有價值。我們已經評估允許事件在系統間串流的基礎架構與整合技術,但如果不評估處理流程的技術,我們的分析就不完整。

沒有一種方法可以將軟體歸類到這部分中,所以如同在第三章中所討論的,我選擇使用 EDA 市場來幫助我找到基本的使用者需求。在這一節中,我最有可能錯過的是您最喜歡的產品或開源項目。今天有這麼多的開發者把注意力轉移到事件串流上,要想找到並描述每一個項目是不可能的,也是難以做到的。

我希望每一環節都能捕捉到主要的參與者與一些可能挑戰現狀的趨勢。當我為了寫作本書做功課時,我不斷為追求事件驅動架構所帶來的機會而建立的軟體感到驚訝。毫無疑問,隨著流程成為理所當然的東西,就會有更多的機會被發現。

生產者

任何給定的流程連接都有一個生產者提供事件串流。任何能夠透過計算機網路傳輸資料或事件的數位設備、軟體,都可以成為流程的生產者。但是,這個類別還必須包括在資料被串流式傳輸之前對其擷取與處理的技術,特別是這種處理是透過串流式整合將資料交付給消費者。

雖然有些生產者只是生產者——啟動流程的軟體,但其他的技術將與傳入的資料串流進行交互,並將處理後的資料轉發到同一或不同的資料串流中。因此,一個事件處理器可能既是連接者又是生產者,這裡提到的一些技術也將在接下來的消費者部分以同樣方式涵蓋,我會努力區分這些技術分別在作為生產者和消費者的背景下之承諾。

關鍵的承諾

將事件流程資料即時傳遞給經批准的消費者或代表生產者的代理人。

Wardley Mapping

作為一個使用者，而非一個價值串流技術，Wardley 發展的定位在這裡並不是關鍵。因為有一些商業串流用途（例如，Twitter 或市場回饋）故將其放在產品中。

來源

資料串流需要一個**來源**（某種東西或某個人）來轉換現實世界中的狀態性表示，透過模擬或數位方式捕捉，並將結果打包以供其他感興趣的軟體或硬體使用。在物聯網與事件處理中，來源顯然是事件串流中的第一個節點，但在這裡我們用這個詞來描述流程連接的傳輸端或發布端。

有很多東西可以成為流程的來源。像是要求用來監控或測量的感測器和其他設備所收集如溫度、距離、速度等的資料；還有些設備與感測器交互並利用資料產生數位訊息來源。現代汽車、飛機、化學實驗室、製造工廠和辦公室安全系統（僅舉幾例）都有這些類型的來源。

還有許多來源可以從其他數位系統中採樣或以其他方式來收集狀態變化，如 SaaS 應用程式、企業資料庫，甚至是網路瀏覽器。主要的公共雲端公司都開始提供作為事件串流來源的服務，用來對他們自己的服務或合作夥伴提供的應用程式或是服務中的變化做出反應。

由於來源的廣度令人難以置信，我們將專注於主要類別，並提供每個類別的幾個關鍵例子。然而，我相信您會發現適用於您的業務、行業、甚至地理的其他例子，運氣好的話，它們會很好地融入分析中；但若不然，您有機會思考您的例子可以為分析帶來什麼新價值。也許就會發現到我沒有看到的機會。在我看來，這是件好事。

關鍵的承諾

從一些現實世界或數位來源收集並提供狀態或關於狀態變化的資訊。

Wardley Mapping

產品——雖然有客製的國家資訊來源，但這裡描述的大量來源顯示出有一個廣泛的獨特產品市場。

範例

感測器、轉換器與代理人

在我們的現代世界中，感測器的驚人成長是有跡可循的。我們看到越來越多的數位設備與我們互動的所有東西相連。正因為如此，我們看到了令人難以置信的新應用，其工作速度和規模是以人為中心的替代品所無法想像的。因此，這些感測器所產生的互聯網資料流量也在爆炸性增長中。

全球資訊網聯盟（W3C）有一個感測器使用案例列表（*https://oreil.ly/YZmfy*）很好地分類及描述許多設備與使用方式，它們所選擇的類別在細分感測器選擇的市場方面是很有用的：

環境

> 測量使用環境屬性的物理設備

慣性

> 測量移動的設備，無論是垂直、橫向還是旋轉的

融合

> 有用的感測器，結合多個獨立感測器來測量更複雜的功能，如相對方向、重力或速度

觸發器

> 當檢測到某一條件時引發事件的設備，如激光感測器的光束被打斷，或是水銀開關的傾斜度超過閾值時會引發事件

可以肯定的是，這些都是廣泛的類別，每個類別中都有數以千計的產品可以覆蓋無數的使用案例。

例如，您現在可以去任何一家電子供應商（如 Digi-Key（*https://oreil.ly/09XvK*）或 Mouser（*https://oreil.ly/nbzhf*））找到一長串的感測器選項。實際上很少有感測器內建支援 MQTT，因為它們通常是類比而非數位信號。然而，有許多商業和開放的硬體選擇，可以將感測器信號轉換為物聯網協定事件，這些設備通常被稱為類比至數位轉換器，輸入 / 輸出模組或感測器模組。

另一個看起來很像物理感測器案例、但涉及純軟體的資料收集的案例是軟體代理。過去分散式系統軟體通常會要求您在作為系統一部分的每個伺服器上安裝代理人，這是為了讓系統的控制軟體能夠與每台伺服器通訊並採取行動。

代理人就像感測器一樣，他們收集一組特定的數據，然後發送到控制系統。這通常不是模擬數據，往往是定期發送的（例如每五分鐘）；然而，代理人是分散式系統所管理的伺服器或軟體事件的起點。

代理現在已經比較少見了（但還沒有完全消失），因為作業系統和控制系統已經共同發展，將大部分感知與控制功能納入作業系統的指令。也就是說，像 Kubernetes 這樣的平台仍然需要每個工作節點（實際承載使用者容器的伺服器）在節點上運行類似的代理。

差異化的承諾：從環境中收集資料，並傳輸到數位系統以便開始流動。

Wardley Mapping：這是一個如此廣泛的類別，您可能會認為設備和代理可以從客製（甚至是創世紀，在極端情況下）到商品（如光學電阻）；然而，一般來說，這些設備和代理都屬產品。

網頁、行動及桌面應用程式

流程事件的另一個來源是人，或是人們在他們日常互動的應用程式中的資料及行為。幾十年來，在商業領域應用上利用訊息傳遞發送信號的做法已經得到充分的證明，飛機票務軟體、股票交易螢幕以及電子商務網站都是使用訊息傳遞來整合的應用程式系統的例子。

然而現在正在發生變化的是，解決老問題的新方法變得越來越有成本效益了。事件驅動架構正在改變這些系統的建構方式──創造即時資料交換，而不需要緊密耦合的客製整合。

今天，流程的資料來源主要涉及生產者系統的某些方面（也許是您的應用程式）發布到適當的介面或協定，通常由某種佇列或處理器提供。對於這些元素的任何特定組合來說，現在都相對容易完成，但每個組合皆需要不同的開發，以使其發揮功用。

但對大多數企業來說，將應用程式引進其事件驅動的解決方案已經開始，藉由第六章討論的，透過單一共享架構交付的少數標準化之介面與協定，使之變得更加簡單。

差異化的承諾：從商業應用程式中收集狀態變化，並傳送到數位系統來啟動流程。

Wardley Mapping：我們正在評估將應用程式整合到流程、而非應用程式本身的方法，目前這些方法大多是客製的，儘管有些商業用途存在一些產品化的「連接器」。接下來您會看到來自 AWS 和 Microsoft 等公司基於雲端的 SaaS 應用程式生產者的演變。

公共與私人資料傳送

有一類有價值的服務是收集、包裝和提供來自特定資料來源的數據。例如，氣象服務、股市行情服務、社交媒體服務（如 Twitter 和 Facebook），以及由世界各地的一些公家機構提供的政府數據。在每一種情況下，都會提供 API 讓消費者檢索資訊。

如今這些資料來源中的大多數仍然只能以請求－回應的 API 模式提供。因此，消費者必須定期查詢新資料，以保持最新的資訊。然而，這種情況正在開始改變。

公共雲端供應商也有公共資料集可從其服務中使用。AWS、Microsoft 及 Google 都有可用的公共資料集，通常託管在各自非結構化的存儲服務（AWS S3、Microsoft Blob 存儲以及 Google Cloud 存儲）。Microsoft 確實提供了一些軟體開發的工具包，以簡化存取資料，但在大多數情況下，仍然是由消費者來批量申請最新資訊。

今天，我們看到越來越多的 API 打開了長效的 HTTP 連接，並在有資料的時候進行串流式傳輸。Twitter 就是一個很好的例子，其他大多數社交媒體的 API 也是如此，這也是有些股票交易服務所使用的模式 [3]。

但是在這偉大的模式中，以公共資料串流提供的數據非常少。這是一個巨大的機會，而且透過流程可以使其在生態上更加可行。

我知道有一些供應商正在建立於請求到回應資料介面創建串流的工具。這些供應商（如 PubNub、Socket.io 和 Stream）被稱為「即時後端」市場，主要處理從 API 驅動的資料整合成流程所需的輪詢及發布。

差異化的承諾：提供對既定的公共及商業串流資料來源的存取。

Wardley Mapping：我想把這些服務放在產品與商品 / 公用程式的邊界。一些服務是作為專有資料來源運行的，而另一些則是為了使公共資料來源更容易獲得。

3　值得注意的是，這些股票服務與我們在第二章討論的高頻交易商所使用的直接傳送到市場不太一樣。證券交易所的數據通常較當前的市場狀態延遲。

觀察

在所有與流程有關的類別中，我認為來源也許是今天最令人興奮的項目。我們看到了新資料來源的爆炸性增長，這要歸功於在互聯網上打包、傳輸與處理資料之更好的技術。邊緣運算技術有望使應用於數據收集、分析和行動的處理能力再巨幅增長，我預計在未來幾年，可用的來源類型將持續增長。

處理器

從我的研究中，我發現串流處理是目前選擇最多的組件。這個類別涵蓋了幾乎所有能夠即時消費、操作及路由事件串流的東西——但在消費者收到資料之前只是保存已發布資料的東西除外（即佇列）。關鍵是處理器應該直接對串流中的數據採取行動，而不是對資料存儲（如資料庫）表示。

由於許多串流選項定義或利用現有的介面和協定，許多開發平台已經能夠支援使用串流資料的程式碼。然而，要大規模這麼做通常需要經過深思熟慮及良好的架構，所以大多數開發者轉向串流處理平台來建構他們的應用程式。

我將再次把重點放在處理器的子類別上，並在每個類別中舉例。

關鍵的承諾

當資料被添加到串流時，能夠針對串資料進行計算、轉換或其他軟體任務。

Wardley Mapping

商品／公用程式——雖然有客製和產品形式的串流處理，但大多數的現代處理都是由開源商品平台（如 Kafka）或雲端運算服務（如 AWS Kinesis）來處理。

範例

串流處理平台（Apache Kafha、Apache Pulsar、Apache Storm、Apache Flink）

Apache 軟體基金會實際上有一份可能的流程處理器技術清單，但這四種技術因今天被廣泛使用顯得非常突出，並且能夠支援跨組織的整合。

我們在第五章「事件驅動架構的簡要調查」中對 Kafka 有相當多的討論。Kafka 和 Pulsar 都支援紀錄驅動的佇列，這不僅可以處理單個事件，還可以處理歷史背景下的事件。藉由保存事件的有序紀錄，Kafka 和 Pulsar 的用戶可以從任何時候開始重播事件歷史，例如重建特定對象的狀態或識別歷史上的模式。

Kafka 和 Pulsar 的區別在於它們的底層架構和生態系統的成熟度。坦白說，Pulsar 的速度更快、延遲更低，而且提供多用戶和分層儲存、而且開箱即可使用。但 Kafka 有一個巨大的生態系統，包括連接器、管理工具和管理服務供應商，更可能與您的現有環境相匹配。

Storm 和 Flink 支持所謂的*非循環圖資料處理*。非循環圖資料處理意味著資料不需傳送任何回饋，從源頭流通到接收器。您可以把它想像成一系列下坡的管道，水在下坡時很容易從一個管子流到另一個管子，卻無法在上坡時回流到先前的管子重新來過。

這種形式的資料處理已經在批次處理中使用了幾十年，而這些工具已經擴展到支援接收和處理資料串流。在相對簡單的提取、轉換、加載（ETL）的使用案例中非常流行，即資料從一個數據來源轉到另一個，中間有適當的格式變化，現在這些工具經常被用來從串流生產者那裡收集數據，以滿足消耗資料的需求。

基於紀錄的方法以及非循環圖資料處理，都是流程中生產者的有用方法。您可以期待它們被用來處理來自其他串流的數據，從物聯網感測器模組或任何其他資料輸入源收集的數據，並依需要將其轉換為流程協定和有效負載格式。

關鍵是要記住，即使是一個簡單的轉換，例如從一個字串中刪除大寫字母，在每秒處理成千上萬的事件也需要龐大的協調與資源。這些工具可以勝任此項工作。

差異化的承諾：提供各種規模的基於紀錄開源事件處理。提供各種規模的開源非循環圖資料處理。

Wardley Mapping：這四個開源項目在今天的串流處理市場上使用得相當普遍；但僅可將其視為處於商品 / 公用程式階段。每一個項目的成功都部分歸功於作為產品的企業版本（儘管 Kafka 也越來越常作為雲端供應商的管理服務來提供）。

串流處理函式庫與框架
（例如 Spring Cloud Stream [Java]、Faust [Python]、Streams API [JavaScript]）

雖然串流處理平台可能在建立和交付您的生產者方面發揮作用，但您更可能直接從相關的應用程式中生成串流。為了使之更容易，大多數主要的編程語言現在都提供了函式庫或框架，來簡化串流的建立與互動。

大多數這些選項背後的概念是為讀寫串流中的資料提供異步功能，這通常意味著資料在內存緩衝，然後提供函式來讀取和 / 或寫入緩衝區。有時，函式庫或框架會更進階地提供特定工具來連接到流行的串流佇列，如 Kafka、Flink 或訊息佇列。

在為生產者處理的情況下，這些框架和函式庫主要用於將資料從應用程式寫入串流中。這可能是從網路或行動應用程式中收集的數據、從感測器或其他設備中收集的數據，甚至是來自另一個串流的數據。它也可以是這些東西的結合；例如，來自溫度感測器的數據與來自氣象串流的數據相結合。

這些也是我期望的函式庫，將成為對更多消費者友善的開源工具，如瀏覽器擴展、行動應用程式等。正因如此，我希望在這個領域見到新參與者，因為流程的發展——專門設計來滿足流程標準承諾集的擴大需求。

差異化的承諾：提供編程函式庫與框架，專門處理來自不同來源的串流。

Wardley Mapping：大多數函式庫與框架都是針對特定的編程生態系統，比如 Spring（Java）或 JavaScript，因此我把它們放在產品類別中。

觀察

串流處理領域有很多新產品的空間，儘管我希望大多數會建立在這些現有產品的基礎上。有很多方法可以使生產者的串流處理變得更簡單、更容易管理，甚至可能是盈利的。如果想讓發布串流像發布網頁一樣容易，像我們在第五章中看到的那樣，那還有很多工作要做。

佇列 / 紀錄

佇列和事件紀錄是異步驅動事件的關鍵部分。如第四章所述，它們在使事件以各種規模進入上發揮了關鍵作用，並使一些處理技術能夠應用於這些事件。此外，它們的好處是大大削弱了生產者與消費者之間的耦合，這為誰與誰的連接、以及何時連接提供更多彈性。

如前所述，佇列在本質上是短暫的——它們接收到事件後，只在釋放給一個或多個消費者時記住該事件（或者在佇列持有者所設置的時間內保留該訊息）。作為概念的佇列並不是為了在任何相當長的時間內提供事件的記憶。此外，由於支援交付保證等功能所需的操作（例如「只交付一個」或「至少交付一個」的保證），它們往往在可擴展性上受到一些限制，至少在取得事件的方面上是如此。

另一方面，紀錄是專門設計來接收大量事件，並保存在某種時間序列的資料存儲中。整個想法是按照接收的順序提供事件的存儲器。如第四章所述，這在某些使用情況是很有用的。正因如此，幾個流行的訊息佇列，如 RabbitMQ，實際上正努力在其軟體新增紀錄功能。然而，紀錄不能提供訊息佇列的功能，包括分散式主題和某些形式的交付保證。

第三類可以支援此功能的服務是 AWS 和 Microsoft Azure 提供的流程自動化工具，特別是 AWS Step Functions。這些服務使用多重步驟的工作流程概念，而非單一主題，來存儲和轉發狀態。例如，您可以使用 Step Functions 從一個感測器接收事件，然後發送到應用程式進行評估，該程式回傳一個值供 Step Functions 決定下一個應該接收該事件的應用程式。整個工作流程將被定義為一個單一實體，可獨立於生產者或消費者而被建立與維護。工作流程的優點是將複雜系列的操作與生產者（或生產者們）和消費者（或消費者們）解耦。

由於佇列、紀錄和工作流程通常是由向某種消費者提供事件串流的一方建立和管理的，我把它們當作生產者技術。然而，佇列完全有可能由非事件來源的一方運行。第三方如醫療紀錄服務，可能使用佇列或紀錄來反應外部生產者的綜合資料串流。在這種情況下，他們將是原始事件生產者的消費者，但最終卻是事件消費者的生產者。

關鍵的承諾

提供一種使事件能夠在消費者處理之前被儲存和分散的機制。

Wardley Mapping

今天，大多數訊息佇列與紀錄匯流排要麼是基於流行的開源項目，要麼是作為一種服務交付。佇列被牢牢地固定在商品／公用程式的領域。

範例

訊息佇列（RabbitMQ、MuleSoft、Apache ActiveMQ、Amazon MQ、Azure Service Bus、Azure Queue Storage、Azure Event Grid、Google Cloud Pub／Sub 等）

訊息佇列是應用程式之間異步通訊非常重要的部分，無論交換的資訊是否旨在代表事件。從金融系統到基礎架構營運自動化、再到工業監控系統的各種應用中，都可以看到佇列。

訊息佇列也已經存在了好長一段時間了。早期的大型計算機系統會使用訊息路由和佇列，使應用程式能夠在程序之間並隨著時間的推移互相通訊。隨著二十世紀 90 年代客戶──伺服器應用架構的出現，一些公司發布了佇列產品，可透過網路處理應用程式之間的訊息。

今天，有幾個產品和開源項目提供了訊息佇列功能。IBM MQ 與 TIBCO 企業訊息服務是企業軟體中成熟的產品。RabbitMQ 和 Apache ActiveMQ 是兩個流行的開源項目，供應商正在建立並維護用於商業用途的分配。這領域中相對較新的供應商是 KubeMQ，它提供一個為 Kubernetes 訂製的訊息佇列。

公共雲端運算供應商提供的服務是企業內部訊息佇列的一個替代方案，AWS 簡易佇列服務（SQS）是一個流行的例子。SQS 提供兩種形式的佇列作為完全管理的服務：一種是具有「至少交付一次」保證的高吞吐量佇列，另一種是「先進先出」（FIFO）佇列，保證每則訊息按照其接收順序至少交付一次。

Microsoft 和 Google 也有傳統的訊息佇列服務（分別是 Azure Service Bus 以及 Google Pub/Sub）。Azure 還提供了簡單的基於存儲的佇列，稱為 Azure Queue Storage 和 Event Grid，它是一種具有發布與訂閱功能的閘道服務，用於大量接收事件。

差異化的承諾：提供一個非持久性的事件發布與訂閱佇列，並提供各種排序以及交付保證選項。

Wardley Mapping：這個組件可能剛跨越了從產品到商品 / 公用程式的界限。提供了一些實用的服務，但許多公司仍然使用開源項目與圍繞這些項目建立的商業產品。

流程自動化（AWS Step Functions、Azure Logic Apps）

近年來，隨著開發人員將事件應用於日益複雜的業務與技術流程，使流程自動化和工作流程越來越備受關注。越來越多的雲端運算供應商指出，他們的流程自動化產品是其無伺服器架構的主要組成部分——據我所知，現在有些專家推薦這些選項的頻率，比推薦佇列或串流平台的頻率更高。

正如本節介紹中指出的，AWS Step Functions 是這種方法的典型代表，它被大量採納並整合到其他 AWS 服務中，如 Lambda、AWS Batch Service 和 DynamoDB。您可以使用 SQS 或甚至另一個 Step Functions 工作流程來發布事件。對於高規模的事件串流（每秒超過十萬個事件），AWS 提供快速工作流程，它比標準工作流程提供更少的保證，但與所有相同的服務整合。

Microsoft 在這領域的產品 Azure Logic Apps 的操作有點像 AWS Step Functions 的標準工作流程，與其他 Azure 服務的整合是由 Event Grid 的發布和訂閱佇列提供。

有一些供應商出售流程自動化工具，第四章討論了許多所謂的企業服務匯流排都將工作流程自動化視為其工作要素。然而，我還沒有看到一個內部工具被用於事件驅動的架構。如果基於工作流程的事件發展得普遍，幾乎可以肯定的是，企業軟體開發者會對企業內部的選項產生興趣。

差異化的承諾：提供多重步驟、異步協調事件驅動的活動，隨著時間推移定義工作流程。

Wardley Mapping：這個類別由主要的雲端運算供應商提供的實用服務主導，因此我們將其歸入商品／公用程式類，但也僅止於此，因為隨著該類別的成熟，產品仍可發揮一定的作用。

基於紀錄的串流平台（Apache Kafha、Apache Pulsar、AWS Kenesis、AWS Manages Streaming for Kafha、Azure Event Hubs、Confluent Cloud on GCP）

基於紀錄的串流處理服務正迅速成為事件驅動的應用程式之核心服務，這些應用程式有一定的事件生成率。我們在第 180 頁的「來源」討論了實際的串流處理能力，但這些工具和服務可以做的關鍵事情之一是捕捉事件並儲存起來直到消費者需要。這使得它們除了是處理器組件外，還是佇列／紀錄組件的形式。

串流平台可以作為企業內部的軟體交付，比如 Apache Kafka 和 Apache Pulsar，但越來越多的開發者依賴於主要雲端供應商的雲端管理服務。AWS 有 Kenesis，以及一個管理的 Kafka 服務（稱為 Managed Streaming for Kafka，或 MSK）。Azure 有 Event Hubs，它不是基於 Kafka 的，但它提供基於紀錄的處理並支援 Kafka API。Google 已經選擇與 Confluent 合作，後者是一家提供 Kafka 企業版本的供應商，在 GCP 上提供 Confluent Cloud。

Kafka 顯然是這一領域的生態系統領導者，您可以從公共雲端產品中看見這點。有越來越多的工具與供應商支援 Kafka 的安裝、運行和消費，這使得它對企業開發者的吸引力大幅增加。然而，有很多證據顯示 Pulsar 在某些情況下可以勝過 Kafka，這使它在這批開發者中受到不少愛戴。

差異化的承諾：將事件捕捉到主題中，保證它們按照接收的順序保存，並且可以由任何消費者從歷史上的任何時間點以相同的順序來檢索。

Wardley Mapping：Kafka 本身正在脫離產品類別，因為它很快地成為一個商品平台，再加上主要的雲端運算供應商正在建立的實用服務，使得 Kafka 在商品／公用程式中佔有一席之地。

消費者

沒有互動的流程只是在周圍洗牌。藉由一個組織提供的數據來推動另一個組織的新洞察力或功能，就能從流程中產生價值。事件消費者是流程價值的心臟與靈魂。

正如前面「生產者」部分所指出的，同一個實體往往既是生產者又是消費者。因此，雖然一些消費者技術將是一個接收器（將終止數據可能流經的流程連接圖），其他的則是處理器，使用事件串流評估、操作、組合或其他計算，並將結果作為來源轉發。重要的是，不要把任何特定的組織看成是生產者或消費者，而是要從這個角度考慮特定的流程互動作用。

然而，消費者和生產者的組件集是不一樣的。如果就消費者對流程連接的控制，以及可能與多個資料來源或資料串流整合來說，雖然有些技術有很大的重疊，但它們的使用卻是截然不同。

串流處理

不出所料，針對消費者的串流處理採用了許多與針對生產者串流處理相同的技術和方法，區別就在於用途。對於消費者來說，處理是在捕捉事件並從中創造價值。

消費者處理器在處理完事件後，可擇一執行下述的兩項操作：一是將產生的資料轉發到新的事件串流，作為另一個連接的來源；二是將資料發送到接收器，並終止特定的流程（儘管這些資料可能會被用在其他地方，如分析系統或即時資料顯示）。

我認為這將是流程中最令人興奮的機會之一：從高客製需求到令人難以置信的普通和商品活動中，找到靈活性及應用得適當平衡。然而，當我們評估目前的情況時，發現大多數技術仍然是通用的，必須由開發人員根據企業的具體需求進行調整。

關鍵的承諾

啟用計算、轉換或其他針對串流資料的軟體任務，因為是從串流中接收的。

Wardley Mapping

商品／公用程式——雖然有客製和產品形式的串流處理，但大多數現代處理都是由開源商品平台（如 Kafka）或雲端運算服務（如 AWS Kinesis）處理的。

範例

串流處理平台（Apache Kafha、Apache Pulsar、Apache Storm、Apache Flink）

我們討論了這四種工具作為來源處理器，但我相信它們至少在連接的消費者端也同樣重要。為了消費者的特定目的，需要快速、近乎即時的操作進入資料串流，因此就需要為處理此流程建立架構。

我認為這些技術在使用流程方面將與生產流程不同，因為它們被用來滿足更廣泛的需求。例如，消費者可能會消費來自多個來源的多個串流，並傳遞給複雜決策應用的人工智能模型。他們可以將一個事件路由到任何數量的端點，包括我們之前探討過的接收器，或另外的流程來源，甚至是像網路瀏覽器中的通知功能。

這裡的 Apache 技術是很好的工具或平台的例子，它們創造了一個世界，在任何延遲被增加之前，透過儲存資料到硬碟上，事件流程可以立即採取行動。它們絕不是唯一能做到這項的技術，但絕對是當今最廣泛採用的技術之一。

評估這些技術如何被消費者使用的其中一種有趣方法，是看它們透過連接器或適配器來整合的技術。例如，Confluent 是一家銷售 Kafka 企業版的公司，其有 Kafka 連接器的目錄，可以作為來源、接收器，或是兩者。在這些選項中，有用於 IT 運作工具（如 Zendesk、Jira 和 Splunk）、商業應用（如 Salesforce），甚至是社交媒體網站 Reddit 的連接器。

這裡的關鍵點是，這些連接器顯示除了資料庫或客製的應用程式之外，對直接從商業應用程式中使用資料串流的需求。資料可以在應用程式之間直接發送（比如在 Splunk 和 PagerDuty 之間），只需進行最小的處理，或者開發者可以使用一個叫做 Kafka Streams 的函式庫編寫處理程序來處理資料。

Pulsar 也提供了一個連接器的函式庫，但對事件的在線處理有一個有趣的變化。Pulsar 函式是輕量的計算程序，可以與使用 Kafka Streams 的應用程式做相同事情；但開發者只需編寫使用和寫入 Pulsar 主題的程式碼，而 Pulsar 則負責打包和運行這些程式碼。

Storm 和 Flink 更可能被用來快速處理一些東西，然後再傳給佇列或利用資料庫作為接收器。它們雖不像 Kafka 和 Pulse 那樣排列或保證事件的順序，但它們能夠處理高負載，重點是在每個事件到達後以最快速度處理。

差異化的承諾：將傳入的事件作為資料串流進行可擴展的操作。

Wardley Mapping：這些都是大家可以使用的開源項目。鑑於存在重疊和競爭，我將其歸類在商品／公用程式階段的左側邊緣。

狀態性串流處理（如 Swim.ai）

Apache 的四重奏一般都遵循資料管道的模式──透過一系列的處理步驟驅動資料，直到它達到最終的形式與目的地。在許多方面，這是批次處理方法的延伸，幾乎從商業運算開始就一直用於處理大量的資料。

然而，對於追蹤和計算大量互連物件的目前狀態至關重要的使用情況，有個替代模型。前面提到的一個例子是優化城市的交通號誌以維持交通流量，為了真正了解潛在問題所在，重要的是每個路口都要「知道」它的狀態會如何影響其他路口的交通。

SwimOS（或「Swim」）是一個大規模管理狀態的平台。Swim 不是將傳入的事件輸入到軟體必須訂閱才能看到的主題中，而是自動建立一個代表事件串流中的對象及關係的「數位雙胞胎」圖。開發人員編寫程式碼，幫助 Swim 理解如何識別對象與關係，而由平台讀取串流並使利用程式碼建立的圖形。

這裡的關鍵是，這是計算機記憶體中對「真實世界」的觀點即時表述。每位代理人（即「雙胞胎」）都代表系統的某方；每種關係都允許代理人互相交換狀態，以提供整個系統的共享模型。

Swim 還具有處理能力，使代理人能夠從他們的「鄰居」學習，並對當前或預測的未來狀態做出決定，採取行動。對於這類使用案例，實為一強大模型。

Swim 還可以將洞察力輸出到新的串流中，由另一個串流處理系統來處理，或者可以直接為應用程式提供了解圖中所發生事情的見解。

Swim.ai 是 SwimOS 背後的供應商，並為 SwimOS 提供商業支持。

差異化的承諾：建立和維護反映在事件串流中的實體狀態圖表示，並在圖內或針對該圖進行處理。

Wardley Mapping：雖然 Swim OS 是一個開源項目，但 Swim.ai 是主要的機制支援者和供應商。我會將 Swim 歸在產品與商品／公用程式之間的邊緣。

無伺服器事件處理：公共雲端
（如 AWS Lambda、AWS Step Functions、Microsoft Functions、Google Functions）

那些尋找事件驅動的應用程式解決方案的人，可能會仔細研究主要雲端供應商提供的無伺服器產品，以消除操作平台的勞累。它的優點是既能消除管理伺服器或作業系統的需要，又能只對所消耗的資源收費，是實現目標的具吸引力方法。

AWS Lambda 是第一個使用「無伺服器」名稱的商業產品，被認為是實現「功能即服務」的先驅。此模型非常簡單：開發人員編寫一個函式，定義哪些事件可觸發該函式、並且輸出到哪裡，再將該函式部署到 Lambda 服務上。

然後，Lambda 在每次相關事件被觸發時運行該函式，其程式碼可以做任何事情：例如轉換資料、在另一個 AWS 服務中啟動操作、或將資料儲存在分析數據存儲。客戶只對函式的實際執行時間收費，所以成本應該與函式產生的價值一致。

然而，對於更複雜的任務，Lambda 的問題是它實際上只在收到事件時執行函式。如果在收到事件時要採取多種行動，AWS Step Functions 是一個更好的選擇，它使開發人員能夠定義具有多重動作的流程，這些動作在適當的事件被觸發時執行。如果您還記得我們之前在 ESB 架構中討論的流程自動化，這與它的原理是一樣的，只是會依需要為每個單獨的事件執行。

Microsoft 和 Google 已經迅速跟進，推出他們自己的無伺服器事件處理選項。兩者都提供了執行由事件觸發的功能和 / 或與其服務組合綁定的能力，其中包括一系列的訊息傳遞、資料存儲和分析服務。

在某些方面，功能即服務產品正成為雲端中執行任務的腳本環境。每個雲端供應商都有許多服務，為配置變化、操作異常、甚至使用者資料變化發送相關事件。對任何這些事件的自動回應就跟編寫一個函式（或一個程序，在步驟函式的情況下）來採取適當行動一樣簡單。

但這顯然只是個開始。隨著無伺服器功能越來越被採用，此技術將不斷發展，以更快滿足更多需求。我相信，在函式與程序的運作方式上，我們將看到越來越多類似作業系統與編譯器的優化，增加從無伺服器計算中受益的軟體類別。

差異化的承諾：提供一種事件驅動的方法，以最小的包裝和操作負載來觸發程式碼執行。

Wardley Mapping：公共雲端無伺服器平台顯然是作為商品 / 公用程式提供的。

低程式碼 / 無程式碼平台（如 Vantiq、OutSystems、Mendix）

建構一個能夠實現內在組合的架構總是帶來這樣的承諾：任何人（不僅僅是開發人員）都可以從可用的預先定義部分組裝成商業應用程式。EDA 當然也不例外。

公平的說，這一領域的供應商處於一個以開發者為中心的工具的系列中，只是消除重寫普通事件處理功能的需要，到承諾完全消除程式碼所需要的視覺化流程組裝工具。然而，後者通常不涉及自定義事件驅動的應用程式，而是專注於商業應用程式，如 SAP 或 Salesforce 的應用程式。

這類環境的傳統問題是所謂的「85% 規則」。在早期的低程式碼或圖形化編程平台上，您可能可以輕鬆完成 85% 的工作，而另外 10% 的工作則需要付出努力。不幸的是，正是那 5% 是您無法做到的事情最終結束嘗試。

然而，今天我們可能會看到一種「混合使用」方法的雛形，即把這些平台與更傳統的編程平台和鬆散耦合的事件驅動系統結合起來，在可能的情況下實現低程式碼編程的生產力，但為開發人員留下建立新功能、服務甚至系統架構的能力，以滿足系統中需要的部分。

一個很好的例子是像製造系統自動化，其中大部分的工作可能是建立眾所周知的機器功能的過程。然而，當一個新系統出現時，或者當意外的要求測試基本自動化環境的能力時，對開發人員來說，靈活地修改或擴展流程的任何方面或運行平台是有益的。

OutSystems 和 Mendix 是該類別中被分析師評價最高的兩個、且與特定商業應用相關的產品。我點出 Vantiq 是因為它是專門為建構事件驅動的應用程式而設計的，並且有一些不錯的功能，像是用於發現的串流註冊表。

差異化的承諾： 使用圖形化方法來定義處理邏輯，以減少或消除來源程式碼。

Wardley Mapping： 就目前而言，這些產品幾乎完全是專利產品，所以我把它們對應到產品階段。

反應式編程平台與框架（Spring「反應式堆疊」[包含 Project Reactor]、Akka、Eclipse Vert.x、ReactiveX、Lightbend、Netifi）

對於打算使用串流作為其唯一輸入的服務或應用程式，或者想在消費串流的過程中對資源使用情況有效的觀察，反應式編程模型是一個很好的選擇架構。

反應式編程背後的想法是，一切都會回應串流或「資料串流」。此概念是，所有的資料都在軟體組件之間交換，甚至包含對函式呼叫的反應，並透過資料流程執行異步共享。每個呼叫都是無阻的，這意味著一個程序的處理可以在不停止另一個並行程序的情況下完成（例如，透過超載處理器的執行緒能力）。這種流程很可能是藉由佇列或記錄路由，但這並不是使程式成為反應式的必要條件。

Java 可能擁有最強大的框架生態系統來支援反應式編程。Spring 是目前最流行的 Java 編程框架，它提供 Spring WebFlux，其為一支援高效能的並行非阻礙串流處理模組。其他模組的設計也考量到反應式編程的使用，如 Spring Data 和 Spring Cloud Gateway。

其他流行的反應式框架是為使用 Java 虛擬機的語言建立的，包括 Akka 與 Eclipse Vert.x。Akka 圍繞一種稱為「演員模型」的架構建立框架，該模型在小型資料與程式碼組件之間使用訊息傳遞來消除障礙。ReactiveX 也是圍繞觀察者模式建立起框架的，在這種模式下，組件會追蹤它們的依賴者並直接告知它們活動。

Vert.x 定義了一套旨在處理非阻礙通訊的建構模塊，且不需要任何特定的編程模型。

儘管這個市場還很年輕，平台也在不斷出現。Lightbend 就是這類平台的例子，它建立在 Akka 的基礎上，並增加企業功能，如管理、整合、監控和增加安全性。Netifi 是另一個符合反應式平台定義的例子，儘管它利用 RSocket 來專注於組件之間的通訊，為一有內建流程控制功能的函式庫。

差異化的承諾：透過非阻礙的反應式編程技術與模型，實現對接收的事件進行大規模的快速處理。

Wardley Mapping：反應式編程是一個相對較新的模式，在主流企業軟體開發中才剛出現，這些工具現在皆為產品階段。

觀察

我認為，最能改變開發人員為 WWF 建立應用程式的工具和技術，是他們所建立的處理平台。在保持安全、保障和性能的同時對收到的資料作出反應是一個巨大的挑戰，需要軟體開發人員去調適。我相信開源世界將迎接挑戰，且將大幅減去開發人員為實現這些目標所需的辛勞，我預計會有一些新的企業軟體業務將從這些努力中出現。

接收器

一個事件的完整路徑最終是從來源到接收器;從發生狀態變化的組件到該狀態變化的最終消費者。可以肯定的是,事件很可能會在途中經過路由和處理步驟——並且在此過程中可能會被改變或擴展。然而,沒有一個即時事件會永遠持續流動,它必須在某處「休息」,這意味著某東西(或多個東西)必須最後一次處理或儲存該事件,而不是將其傳輸給另一個消費者。這些「東西」在事件驅動架構中被稱為「接收器」。

接收器可以是許多不同的東西,從分析工具到數據存儲系統到使用者介面。接收器通常可以是與處理器相同的工具和服務,區別僅僅在於事件是否重傳;但它也可以是傳統的應用程式及基礎架構,但其性質並非事件感知的,如關聯資料庫或應用程式 API。

關鍵的承諾

作為一個事件串流的目的地與最終處理或儲存步驟。

Wardley Mapping

接收器可以由任何數量的技術處理,可能介於客製到商品 / 公用程式,但我將其對應到後者,因為現今大多數常見的接收器都屬於後者。

範例

事件資料存儲與資料庫

一個接收器將執行最常見的活動之一是簡單儲存事件的紀錄,或基於事件資料的計算結果。做這件事情的技術會因收到的事件量、要儲存的事件資料類型、應用環境中使用的現有技術等的不同而有很大差異。

今天,企業中最常見的資料存儲是關聯資料庫,如 Oracle、Microsoft 或 AWS 的資料庫。雖然您可能期望它們只是儲存事件本身的紀錄,但我看到許多企業更新現有的紀錄,以保持某些實體的當前狀態,如銷售項目的庫存量或通過管道的數量。儘管如此,當同時使用時,關聯資料庫確實受到一些限制,且與其他選擇相比,它也不太適合高速率的事件。

其他的數據存儲,如 NoSQL 文件與鍵值存儲同樣會以各種方式使用,並可能被用來儲存每個狀態的變化或保持當前狀態的紀錄。然而,他們的架構可能更適合於某些事件架構的使用案例。產品和服務包括 MongoDB、Cassandra、AWS DynamoDB、Azure CosmosDB 和資料表儲存體,以及 Google 雲端存儲。

還需要注意的是，Kafka 和類似的紀錄存儲有時被視為事件存儲系統。雖然需要時確實可以從這些平台上檢索事件，但它們的性質並非理想的通用資料存儲。然而，Confluence 的 KSQL 和類似的工具確實擴大了使用範圍，不是僅僅從已知的游標位置讀取事件。

差異化的承諾： 接收和儲存事件資料，或根據現有資料反映狀態變化。

Wardley Mapping： 雖然有一些資料存儲選項仍然是產品（例如 Confluence 的 KSQL 以及 Oracle 的 RDBMS），但這個領域在過去十年內迅速發展，擁有越來越多的服務選項。這是一個艱難的決定，但我想把它勉強歸在商品 / 公用程式階段。

分析工具（IBM Data Warehouse、SAP HANA、Tableau Online、AWS Redshift、Microsoft Azure Synapse Analytics、Google Cloud BigQuery）

了解事件串流的趨勢是流程最有價值的用途之一。洞察力推動創新，實現增長並驗證優化。雖然資料庫在實現這種洞察力方面發揮了巨大的作用，但有一類廣泛的工具使人能夠挖掘數據來獲得洞察力。

一些主要的技術公司把它們的聲譽建立在分析大量的靜態數據上，這種做法被大多數人稱為「大數據」。一些最早真正將看似不同的數據匯集起來搜索洞察力的公司包括 IBM、SAP、TIBCO、Tableau 以及其他許多公司。資料倉儲已被跨國公司用於此目的，其中資料被放置在結構化的資料存儲，使互動一致並適合特定的分析模型。

近年來，一種新的做法是將數據保存在非結構化的資料存儲中，並對其進行標記和索引，使定位和關聯不同的資料來源更加容易。這部分是由 Elasticsearch 和 Splunk 等工具達成，這些工具是為定位和分析非結構化數據建立的。

然而，主要的雲端運算供應商已順利進入這個市場，這些供應商為他們的產品定價，以實現更多的「按需付費」模式，提供各種資料處理選項的服務。對大多數企業來說，雲端供應商的優勢是處理硬體與軟體基礎架構的資本支出，以支援大規模分析。除非您一直在運行大數據工作，否則這幾乎肯定使基於雲端的分析具有優勢。

差異化的承諾： 為串流資料的歷史分析提供數據分析環境。

Wardley Mapping： 鑑於作為雲端服務的分析選項的快速增長，我將其歸在商品 / 公用程式，儘管它存在大量的產品選項。

串流分析（Amazon Kinesis 數據分析、Confluence KSQL、Rockset、Microsoft Azure 串流分析、Google Dataflow）

有一類分析工具，當從串流中接收資料時，會進行即時操作。資料可能暫時存在佇列或紀錄中，或者它可能只是更新記憶體內的狀態模式。然而，這些資料隨後被用來進行即時統計分析、關聯性或其他運算等工作。

通常分析的結果會以簡易的儀表板形式或其他形式的圖表顯示；分析結果也有可能用來建立新的事件，並流向需要分析結果的其他系統。

串流分析對許多行業來說是遊戲規則的改變。過去在這些行業中，大規模的數據分析必須等待批次處理作業運行一段時間後才能獲得洞察力，以線上行銷活動為例。

直到幾年前，大多數線上公司都必須至少等待 24 小時才能對正在進行的活動有基本了解。在活動結束之前，不可能知道某些活動是否受到客戶的歡迎。較新的基於串流分析平台允許行銷人員在活動發生的幾秒鐘內看到活動，允許快速調整以應對失敗或巨大成功。

主要的雲端供應商都在為他們的串流平台服務提供串流分析選項。Amazon Kinesis 數據分析、Azure 流分析和 Google Dataflow 都是為此而生。對於 Kafka 用戶有一個相容工具的生態系統，當與串流平台結合時，可以提供不同程度的即時分析，包括 Apache Flink、Apache Druid 與 Rockset。

差異化的承諾： 提供近乎即時的分析和／或視覺化能力，隨著新資料在串流中的呈現而更新。

Wardley Mapping： 目前這些大多是作為線上工具提供的，儘管 KSQL 是個例外。因此我會把它放在商品／公用程式。

事件感知的應用程式與服務

這裡涉及的前三個接收器的重點是觀察與分析事件串流，以便從資料中取得洞察力。然而，串流最有用的方面之一是推動對事件的快速反應到幾乎即時。例子包括從利用高頻交易中的獲利機會到協調車輛互聯網中的交通移動，再到調整複雜製造機器中的恆溫器。WWF 是關於連接世界的活動，所以採取額外行動是自然的現象。

除了推動進一步的運算或其他行動外，事件感知應用程式可以在使用者介面上顯示事件資料供人使用。這可能是原始的有效負載資料，或者事件有效負載可能與其他資料相結合來產生訊息，可在必要時清楚地傳達人可採取的行動。

使用事件來刺激行動已為常見情形。主要的雲端供應商允許開發者建立對供應商服務所發送的操作事件做出反應的函式。安全系統使用事件佇列與串流處理來檢測異常情況並採取糾正措施。甚至還有一種網路服務 IFTTT（名字來自於「如果這樣，那麼那樣」），它有數百個基於網路資源的連接器，能從這些資源產生的事件中實現簡易邏輯工作流程（用 IFTTT 連接應用程式非常像流程，但由於缺乏標準的介面與協定而顯得不太一樣）。

隨著流程標準的出現，更多的商業應用程式和服務將建立起接收與反應事件的能力。只要有意義，開源項目也將引入流程的支援。我們前面討論的網路效應的關鍵是應用程式採用流程，透過事件串流採取直接行動。

差異化的承諾：使用事件資料來自動進行額外的活動，或向人類消費者發出活動可能需要的信號。

Wardley Mapping：我會將其對應到客製的右側邊緣，因為大多數應用程式仍然是客製化，但產品市場已經開始出現了。

觀察

我相信在很多方面，IT 世界已經為即時資料流程的湧入做好準備，只是自己還不知道而已。在過去的十到二十年裡，用於大規模數據分析的強大工具，以及為即時處理資料而建構的工具之演變令人印象深刻，但這些工具都尚未適應流程的使用情況。標準化介面與協定的引入將有可能使工具接收到新的資料串流後立即進行分析與視覺化，而無需客製的程式碼，這將是大多數機構能立即認識流程價值的時候。

索引

※ 提醒您：由於翻譯書排版的關係，部份索引名詞的對應頁碼會和實際頁碼有一頁之差。

關於作者

James Urquhart 是 Pivotal Cloud Foundry 的全球領域 CTO，他被《麻省理工科技評論》與《哈芬登郵報》評為雲端運算領域最具影響力的十大人物之一，並曾是 GigaOm 和 CNET 的特約作者。他是一位技術專家和管理人員，對顛覆性技術及其帶來的商業機會有深刻的理解。

James 在分散式系統開發與部署方面擁有超過 25 年的經驗，專注於複雜適應系統的軟體、雲端原生應用程式與平台以及自動化。在加入 Pivotal 之前，James 曾在 AWS、SOASTA、Dell、Cisco、Cassatt、Sun 及 Forte 軟體公司擔任主管職務。

James 畢業於瑪卡萊斯特學院，獲得數學與物理雙學士學位。

出版記事

本書封面上的動物是常見的潘朵拉（*Pagellus erythrinus*, 緋小鯛）。牠是海鯛家族的一員，也被稱為西班牙海鯛或鯛魚之王。緋小鯛常見於大西洋東岸，從維德角到斯堪的納維亞半島，以及地中海和北海。在加那利群島潛水時，經常可以看到牠們的身影。牠們大部分時間在近岸水域的底部度過，那裡的地形是由岩石、礫石、沙子或泥土組成的，牠們通常在地中海的兩百米深處或大西洋的三百米深處活動，冬季會移動到更深的水域。

常見的緋小鯛有著纖細、修長的身體，基本顏色為銀色，沿著背部呈粉紅色，偶爾有藍色的條紋。牠的眼睛比其他小鯛屬的魚小，而且瞳孔是黑色的。一個典型的標本長度為 10 到 30 公分，但牠可以長到 50 公分。

潘朵拉是雜食性動物，但主要以小型魚類和生活在海底沉積物中的底棲無脊椎動物為食。牠們可以獨處，也可以在最多三條魚的群體中發現。常見的潘朵拉是一個雌雄同體的動物：在生命的前兩年為雌性，第三年則為雄性度過的。交配季節可能因地區而異，但通常從春天到秋天。在一些地區也可能有兩個不同的繁殖時間。雌性可以釋放三萬至十五萬顆卵！

在許多地中海國家，普通潘朵拉是一種受歡迎的食物。雖然國際自然保護聯盟將此魚歸類為最不值得關注的物種，但 Archipelagos 海洋保護研究所敦促潘朵拉愛好者「負責任地消費」，選擇體型大小不會改變的魚，並避免在繁殖期食用。O'Reilly 書籍封面上的許多動物都面臨瀕臨絕種的危機；牠們都是這個世界重要的一份子。

封面插圖是由 Karen Montgomery 基於 Cuvier 的《*Histoire Naturelle*》中一幅黑白版畫創作的。

流程架構｜整合串流與事件驅動的未來

作　　者：James Urquhart
譯　　者：陳慕溪
企劃編輯：蔡彤孟
文字編輯：王雅雯
設計裝幀：陶相騰
發 行 人：廖文良

發 行 所：碁峰資訊股份有限公司
地　　址：台北市南港區三重路 66 號 7 樓之 6
電　　話：(02)2788-2408
傳　　真：(02)8192-4433
網　　站：www.gotop.com.tw
書　　號：A653
版　　次：2022 年 07 月初版
建議售價：NT$580

國家圖書館出版品預行編目資料

流程架構：整合串流與事件驅動的未來 / James Urquhart 原著；
　　陳慕溪譯. -- 初版. -- 臺北市：碁峰資訊, 2022.07
　　　面；　公分
　　譯自：Flow architectures: the future of streaming and event-
driven integration
　　ISBN 978-626-324-070-4(平裝)
　　1.CST：電腦工程　2.CST：系統架構
312.12　　　　　　　　　　　　　　　　110022717